打造气象产业生态圈

——中国气象服务产业发展报告（2019）

中国气象服务协会

内 容 简 介

　　本书是中国气象服务协会编制的2019年度中国气象服务产业发展报告。报告聚焦"打造气象产业生态圈"，描述了气象产业生态圈运行的内部结构和基本规律，并从深化气象改革、产业资源协同、业务服务进展、服务生态文明建设等方面深入研究分析了当前中国气象产业的发展现状和未来趋势。本书对于政府部门制定气象产业发展政策规划、气象及相关领域决策和开展产业研究以及社会投资方深入了解中国气象产业发展具有重要参考价值。

图书在版编目（CIP）数据

　　打造气象产业生态圈：中国气象服务产业发展报告：
2019 / 中国气象服务协会编. -- 北京：气象出版社，
2019.11
　　ISBN 978-7-5029-7078-9

　　Ⅰ.①打… Ⅱ.①中… Ⅲ.①气象服务－产业发展－
研究报告－中国－2018 Ⅳ.①P49

　　中国版本图书馆CIP数据核字（2019）第233887号

Dazao Qixiang Chanye Shengtaiquan
——Zhongguo Qixiang Fuwu Chanye Fazhan Baogao（2019）
打造气象产业生态圈——中国气象服务产业发展报告（**2019**）
中国气象服务协会

出版发行：气象出版社
地　　址：北京市海淀区中关村南大街46号　　　　邮政编码：100081
电　　话：010-68407112（总编室）　010-68408042（发行部）
网　　址：http://www.qxcbs.com　　　　**E-mail**：qxcbs@cma.gov.cn
责任编辑：王萃萃　　　　　　　　　　　终　审：吴晓鹏
责任校对：王丽梅　　　　　　　　　　　责任技编：赵相宁
封面设计：楠竹文化
印　　刷：北京建宏印刷有限公司
开　　本：787 mm×1092 mm　1/16　　　　印　张：16.5
字　　数：400千字
版　　次：2019年11月第1版　　　　　　　印　次：2019年11月第1次印刷
定　　价：75.00元

本书如存在文字不清、漏印以及缺页、倒页、脱页等，请与本社发行部联系调换。

编　委　会

前　　言

　　气象产业高质量发展离不开气象产业生态圈的健康、高效运转。生态圈的运行规律并不复杂，复杂的是生态圈中的各个节点及其要素之间无法协调，违背运行规律，造成种种冲突，进而影响生态圈的稳定和健康，更别说高效运转了。本书提出打造气象产业生态圈的概念，并不旨在创造产业新模式、新机制，而是要回到一种更便于我们理解和体验的清晰、明确、真实有效的产业生存发展状态，让这个"圈"对内协调统一、少些内耗，对外开放友好、充满吸引力。

　　产业生态圈的形成不仅取决于节点要素的完备，也取决于产业规模和推动产业有效运转起来的动力机制。具体说，打造气象产业生态圈至少应具备三个条件：一是气象产业要素相对完整，各个节点及其要素相对成熟或已经显现；二是气象产业市场的供给和需求达到一定规模，能够支撑起产业节点及其要素间能量交换和循环；三是运转机制有效，能够保证气象产业生态圈运行的基本要求。从总体看，气象产业生态圈目前尚处在初始构建阶段。产业要素基本具备，但需要补充健全，质量也有待进一步提升；产业规模在气象资源释放不足、社会资源融合尚不充分的情况下，快速增长的空间需进一步拓展；动力方面，气象产业生态圈能不能运转起来或健康、高效运转，还需要气象改革持续深化，以及新技术、新产业模式等对产业发展驱动力的进一步提升。

　　2019年对于气象产业发展是一个很关键、具有转折意义的年份。世界气象组织（WMO）倡导社会力量参与气象事业开放平台建设，中国气象局气象改革进一步深化，气象事业"十四五"规划编制、气象法修订全面启动，以气象现代化为目标的气象基础设施建设、科研业务能力建设步伐加快，市场需求快速增长，市场主体、社会投资呈稳定增长态势。这些充分表明：气象产业生态圈形成的重要历史条件已经显现，气象产业快速发展的又一次历史大潮已经来临。

除分析当前气象产业面临的总体形势，本次报告特邀世界气象组织和中国气象局国际合作司专家撰文介绍世界气象组织改革和公私伙伴关系讨论的进展，分专题从深化气象改革、产业资源协同、业务服务进展、气象服务生态文明建设四个方面遴选优秀文章，并附一段时间以来发布的相关文件规范和标准名录，希望通过多维视角，为我们深入了解中国气象产业发展内外部形势提供参考。

从本年度起，中国气象服务产业发展报告年度序列将与出版年一致，造成不便，冀读者诸君海涵。

中国气象服务协会

2019年11月

目 录

业务服务篇

绿色生态篇

概述篇

打造气象产业生态圈

孙　健[1, 2]　屈　雅[1, 2]　王　昕[1, 2]

（1 中国气象服务协会，北京 100081；2 中国气象局公共气象服务中心，北京 100081）

2019年，对于中国气象产业而言又是一个具有关键性、重要转折意义的年份。世界气象组织机构改革，公共部门与私营气象关系倍受全球气象行业关注，并已经被认为是撬动世界范围气象服务变革发展的重要契机；气象业务科技体制改革加快推进，必将为气象产业发展注入新的能量；专业气象服务转型依然任重道远，体制机制配套正逐步跟进；气象事业"十四五"规划编制正式启动，《中华人民共和国气象法》二十年大修全面展开。这一系列气象领域大动作意味着影响未来气象产业发展格局的一个大的调整期开启。

一、2018年以来中国气象产业发展基本形势

2018年以来，中国经济面临较大下行压力，但总体形势稳定。气象服务国民经济各行各业发展，在基础设施建设方面投入增长迅速，需求同步快速增长，产业营收增速、服务基本能力大体持平，略有下滑。统计数据表明，气象部门主要业务站点建设、高性能计算机峰值运算能力、气象服务网气象数据共享服务数据量等方面均实现大幅增长；人才队伍、固定资产年末数、减少气象灾害直接经济损失占GDP比重方面继续保持良好发展态势；但企业营业收入增速、科研课题经费、气象服务产业景气度等方面数据表现欠佳。

总体而言，2018年以来，推动气象产业发展的外部环境正在逐步优化，产业牵引因素向好。从2019年WMO发表的年度宣言看，打造一个包括公共部门、私营企业、学术机构以及各类社会组织要素在内的气象服务共同体已经成为全球气象同行，各国气象事业管理者，公共气象服务机构，气象企业及各类气象机构的共识（WMO，2019）。国内气象主管部门及其所属科研业务单位在继续深化气象服务体制改革的同时，着力推动气象事业高质量发展、建设气象现代

化的任务目标也为气象产业发展注入了强大动力。而作为气象产业市场主体的各类气象企业也正在向增加科技内涵，创新商业模式，扩大产业应用，加快多领域资源融合的方向发展。

2019年上半年，中国气象服务协会开展企业专题调研，对协会所属专业委员会及相关领域企业做了深入走访。这些企业包括防雷减灾、专业气象、应急预警、仪器装备、数据服务等领域。值得注意的是，此次调研企业有近四成主营业务并非气象领域，但通过与气象资源对接，实现了主营业务的有效扩容和增长。这些企业大体具有以下显著的特征：一是新技术的产业化应用，普遍借助互联网、大数据等新技术在用户特征识别和需求分析方面的优势，开展面向用户区别化、精细化的服务；二是良好的业务运营模式，依托大的业务平台或数据库，以模块化为主要特征，形成适应性极强的业务服务快速集成、分发能力，市场响应能力强；三是资本生态良好，因为创造性的产品和业务服务模式创新能力强，这些企业大多被资本市场看好，资金来源充足；四是企业文化氛围活力十足，这些企业是年轻人的天下，有的人数规模达数百人，有的只有二三十人，但企业主要负责人、部门主管到业务一线员工都朝气蓬勃，充满了追求创新、卓越的企业精神。

我们姑且把这些企业称作"非典型气象企业"。因为它们与我们传统意义上的气象企业在主营业务、业务运营方式、对资本的吸引力，以及企业文化塑造方面有着明显的区别。调研中，这些企业普遍对于深度开展与气象领域的合作充满期待，也信心满满。主要基于以下考虑。一是气象资源的不可或缺性。这一点与气象人津津乐道的"盐"理论不谋而合。气象的确对几乎所有行业领域都会产生或多或少的影响。二是气象数据的可用性。这包含两个维度：首先是气象数据质量高，便于对接规范的数据库资源；其次是气象部门数据资源开放的步伐加快，无论是免费公开还是协议获取，至少渠道正在逐渐放开。三是需求大幅增长。只有当我们面向具体用户需求时才能深刻感受气象资源对于服务的重要价值，"撒盐"是基础，"撒"得合适能创造极高价值的产品和服务。而这些企业对气象资源的应用，主要存在于这些企业产品设计和精准化的服务之中。应该说，正是因为这些"非典型气象企业"让我们看到了气象资源未来无比广阔的应用前景。

对于专门从事气象相关业务经营的企业，在此次调研中也显现出一些新的特点，比如社会资本投入增加，这在创业型气象企业发展中起到了重要支撑和推动作用；面向政府公共部门和企业端的服务能力和质量有所提升；技术研发投入应用力度加大；市场竞争压力加剧。当前气象企业面临的主要市场态势包括以下方面。一是市场有待进一步放开。这个市场，包括面向服务对象的市场，也包括国内统一开放市场格局的形成。跨领域、跨行业、跨区域服务在部分领域仍然存在壁垒。二是竞争不充分。一方面是区域、条块分割限制竞争，另一方面是市场开拓能力、技术适应能力不足以支撑一个充分竞争市场格局的形成。三是气象产业能量有待进一步释放。气象数据、气象业务、气象科技、气象服务、气象自然资源从总体上处于待释放的状态，可开发空间巨大。四是需求响应和挖掘不足。这要从产业市场整体角度，通过自身体制机制调整，以及加快产业融合与资源高效利用来适应市场需求快速变化增长的形势。

二、气象产业生态圈基本结构

产业生态圈是指某产业已经形成或将要形成的、以某主导产业为核心的具有较强市场竞争力和产业可持续发展特征的产业体系，体现了新的产业发展模式和新的产业布局形式。地理位置上的集中和公共物品的共享并不一定形成产业生态圈，产业生态圈顺利运转的内在要求和微观基础有赖于圈内各节点、要素间的密切关联和有机的分工协作（袁政，2004；徐浩然等，2009）。

结合气象产业自身特征，我们初步将气象产业生态圈定义为以气象服务为产业核心，以气象信息传播、气象仪器装备制造、气象数据应用与融合、气象服务科技与产品研发、气象软件开发、气象产业咨询与服务等为主要产业方向，通过气象产业要素、主体、驱动和产出节点的有机关联、循环推进、对外开放，实现气象产业整体健康有效运转的产业布局和运行形式。

之所以会提出气象产业生态圈的问题，一方面是因为我们一直以来对于诸如气象事业与产业、气象部门内外、传统气象企业与新兴企业、气象科技业务与服务、气象资源开放、气象服务社会化、气象供给体系建设、气象服务市场放开与监管等问题，缺乏一个系统的认识框架。比如上面我们提到的所谓"非典型气象企业"，从产业生态圈看，与"典型气象企业"并不存在本质不同。尽管可能存在管理体制、运营机制、商业模式方面的差异，上述二者都是气象产业圈重要的主体，遵循同样的产业生态运行规则。事实上，从整个气象产业生态圈构成角度，每一个方面都在其中扮演着独特的角色，支撑气象产业生态圈的正常运转，往往分隔开看似互不兼容，联系起来则互相帮衬，相辅相成。

　　另一方面，从气象产业近年来的发展态势看，气象产业生态圈形成条件已经显现，包括以下三个方面：一是产业要素相对完整。气象产业生态构成的各个节点及其因子相对成熟或已经显现；二是产业市场的供给和需求达到一定规模，能够支撑起气象产业节点及其要素间能量交换和循环；三是气象产业相关运转机制能够保证产业整体运行的基本要求。从总体看，气象产业生态圈的基本结构已经显现，但处在初始构建阶段。这主要表现在产业要素基本具备，但要素质量有待进一步提升；产业规模在气象资源释放不足，社会资源融合尚不充分的情况下，产业增量空间亟待拓展；气象产业生态圈能不能运转起来或健康、高效运转，还需要气象改革继续深化，新技术、新的产业模式等要素对产业发展驱动能力进一步提升。

　　产业生态圈一般应具备三个特征：首先，它应该是一个有机体，具有自我成长和修复能力，在这个有机体中，各个节点及其因子通过协同作用，形成统一的整体；其次，它应该是一个动态闭环结构，在这里，各个节点及其因子相互作用，不断循环，每一个节点及其因子的存在和发展都会或多或少影响整个生态圈的运转；第三，它同时应该是一个开放的系统，这个开放的系统通过各个节点向外不断选择、吸收有用资源，同时向其他节点、因子传递能量。

　　形成良好的气象产业生态圈，构建各方面资源协同的运行环境对于气象产业的健康发展乃至高质量发展至关重要。之前我们提到的公共气象部门与私营企业气象服务的关系问题本质也是这个生态圈主体范围界定的重要方面。如何建立良好的公共部门与私营企业关系？如何构建气象产业发展良好的生态格局？这个生态格局应该是什么样的？遵循什么样的运行原则？它与气象事业高质量发展有何关联？这些问题都与我们对气象产业生态圈的认知与构建密切关联。

　　如图1所示，气象产业生态圈的基本节点包括要素、主体、驱动和产出。其中，要素包括自然资源、基础设施、数据、资金、人才等；主体包括政府、企业、社会组织、科研机构、社会资本、对象行业、公众等；驱动包括各类产业相关的创新、产业链、体制机制、投资、需求等；产出包括产品、服务、知识产权、专利、品牌等。从生态圈循环运动角度，在实际运行中，这4个节点处于相互交叠、彼此递进的状态，并不能将各个节点分割开来，我们可以任意节点为起点开始产业生态圈的流转。比如产出节点可以作为上一节点补给要素节点的资源能力，促进产业整体生态圈的增量快速参与产业运行。

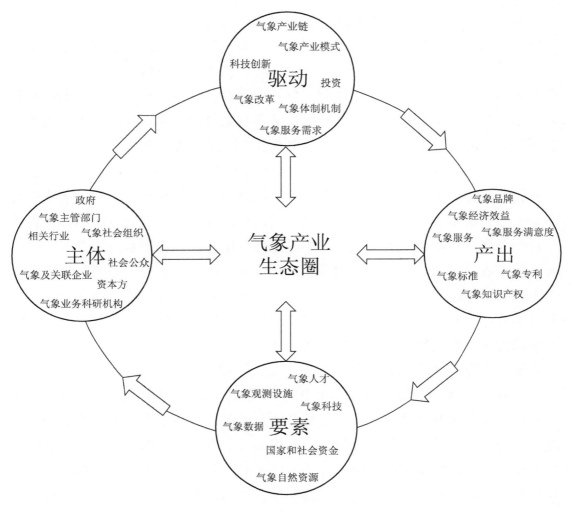

图1　气象产业生态圈结构图

从运行的具体要求看，产业生态圈的每个节点都有自身独特的运行原则，同时整体上遵循相应的运行规律。要素节点是物质基础，遵循的是全面充足原则；主体节点是能动因素，遵循的是多元协同原则；驱动节点是激发条件，遵循的是开放创新原则；产出节点是成果实现，遵循的是效益优先原则。生态圈总体运行应该符合创新、协调、绿色、开放、共享的新发展理念，作为总体与各个节点展开可循环的能量交换。

以专业气象服务为例。在专业气象服务的要素中，气象自然资源包括天气气候状况、各种气象要素，这些构成了我们开展专业气象服务的原初的自然基础。在此基础上，我们建设观测站点，开展基础观测和专业观测，进而形成气象观测数据。有了这些观测数据，我们可以通过天气气候系统分析模式对当前实况和未来天气、气候的变化发展作出分析和预判，并以此为基础，综合相关专业领域、环境观测，预测天气气候对环境、相关行业领域、社会公众生产生活的影响。在此过程中，气象观测、分析、预测、研判以及应用、咨询都需要通过专业化人才来实现，所有这些也都必须有来自国家和社会的资本投入才能顺利开展。所有要素因子都将为其他生态节点运行提供支撑。

专业气象服务的主体包括国家公共部门，中国气象局及其直属气象服务业务科研机构，国有气象服务企业，社会气象科研业务机构、企业，气象社会组织，社会资本方以及对专业气象服务提出直接或间接需求的政府、各行各业及社会公众。气象产业生态圈的主体既包括气象产业各类要素的供给者、生产者、传递者，也包括使用者、消费者、评价者、成果分享者，对整个气象产业生态圈的运行起到决定性作用。我们看到，无论是气象部门还是社会企业、社会资本方，大家在整个生态圈中的节点性质是一样的，都是推动气象产业发展的能动因素。在气象服务社会化趋势日益显著的形势下，多元广泛主体的存在是实现气象服务有效供给能力持续提升的重要保障。

专业气象服务的驱动因子包括国家气象相关法律制度、体制机制、产业规划，专业气象服务产业链条上各环节的互动关联，新的需求潜力的挖掘与发现，新的基于气象数据与专业领域数据相融合的技术和新的产业模式的发明。比如在气象信息传播领域，由于大数据技术的引入，我们能够更加精准地判断我们服务对象的具体位置、使用习惯和消费倾向，通过本地化分布式计算技术和即时推送技术，及时准确地向特定主体提供特定环境条件下的差异化气象服务产品，这也催生了诸如物流、快递等行业对企业级气象精细化服务产品的需求和认可。由于技术进步和差异化需求的驱动，传统气象服务中的大而化之和"局部地区"在专业气象服务中已经成为历史。

专业气象服务的产出从分析角度可以看作是各类节点要素综合运转的结果，包括各类专业气象服务产品，面向政府、专业客户的决策服务，面向公众的精细化、差异化服务产品，各种天气应用客户端、移动APP，各类发明产生的知识产权、专利、标准，由于较高的社会影响和社会认可、口碑形成的气象服务品牌，用户满意度、美誉度，产生的社会效益和经济效益，专业气象服务市场规模扩充和增量的形成等。

气象产业生态圈的运行质量直接关系到气象产业规模的形成和增量的实

现。如果我们把气象产业市场看作是一个不断向外开放、与各种内外部资源开展能量交换的生态系统，那么，这个市场就不会有所谓绝对的边界。在系统运转良好的状态下，这个市场会不断搭建新的资源交换平台，创造新增量，实现产业效益最大化。而各个节点、要素之间相互隔离，甚至掣肘则会反向削弱市场产出，在资本运动规律下，相关资源要素会像水一样流向其他产业，气象市场会在产业要素资源竞争日益激烈的当下很快处于劣势，逐渐萎缩。

三、打造气象产业生态圈

气象产业生态圈的运行质量，大体有三个标准可以衡量：一是各生态节点自身状况是否满足运行原则。比如要素圈是否满足全面充足的原则。二是各节点间能否实现互为补充，有效衔接。三是生态系统各节点及整个系统能否有效吸引来自外部的资源能量，不断补充气象产业生态系统发展。由此，我们考察一下当前气象产业发展现状。

要素节点按照全面充足的原则，我国已基本建立起空、天、地一体化的气象观测体系，数值预报能力建设有了较大提升，气象数据质量及社会应用场景快速递增，资本吸引力逐步增强，但适应市场需求的气象产业人才队伍与产业发展需求有较大差距，气象自然资源的开发利用还处于较低水平。

主体节点按照多元协调的原则，在处理公共部门与私营企业关系方面还缺乏制度化机制，国家科研业务机构面向产业的服务不足，国家投入与社会资本投入尚无明确的界限，社会组织在协调气象产业资源方面的能力不足。

驱动节点按照开放创新的原则，天气服务的卖点不断涌现，但科技创新能力有待提高。针对气象产业发展的相关政策规划有限，相关体制改革还有很大空间。气象产业链条不清晰，各个环节分割问题突出，产业整体力量没有得到有效整合。

产出节点按照效益优先原则，目前面临的主要问题是市场规模的进一步扩张，效益增长方向需要进一步明确，传统产业生产模式效益空间有限，新的增长点正在全方位探索，希望有实质性突破。

打造具有良好运行机制的气象产业生态圈是推动气象产业高质量发展的基础性工作。从生态圈的构建角度，当前气象产业发展主要任务有以下方面。

一是气象产业定位进一步明确。这里主要涉及气象产业的主体圈。严格来讲，气象事业与产业并无绝对的界限，气象产业是事业的一部分，同时有自身规律。这需要在国家气象事业发展的总体层面对气象产业发展给予有效支撑。尤其是在当前气象事业"十四五"规划以及《中华人民共和国气象法》重新修订过程中，要充分考虑气象产业与整个气象事业发展的关系，为气象产业未来发展提供有效支撑和内外部条件。

二是市场环境下气象产业发展秩序的形成。这关系到气象产业市场健康运行。除了从法制、政策层面加强专门针对气象产业市场发展的管理，要积极引导行业自律。自律机制首先是建立在气象产业各方面主体广泛共识的基础上。大家能够在气象产业生态圈中共同生存、发展，必然要遵循相应的协同机制。产业自律机制的形成需要多方共同参与，包括气象行业主管部门从政策法规层面的引导与支持，相关国家行业监管工具的运用和信息共享，企业联合体的积极倡导，以及市场主体基于自身健康发展的积极参与。

三是气象产业链的进一步完善。完整的产业链对于气象产业的发展具有基础性支撑作用。从目前看，与气象相关的产业链条上的各个部分尚处于"各自为战，散兵游勇"状态。产业各个链条之间，尤其是各个市场主体之间缺乏有效的协同机制，重复投入、同质竞争现象突出，亟待通过良好的产业协同机制，将气象产业链条上的各个环节紧密联合起来，优化产业发展内部生态系统，积极吸纳外部有效资源，实现整个气象产业生态圈的良性运转。

四是气象服务市场进一步开放。除了适应国家整体对外开放的基本要求，从国内气象产业发展现状看，开放的气象产业市场需要有相应的体制机制为基础。体制内外在气象基础资源获取方面会有不同的运行机制，但不能成为阻碍气象基础资源开放、融合的壁垒。现在的关键是通过气象资源活力的进一步释放，提升更多气象领域产业发展的吸引力，让更多社会资本和企业找到参与气象产业市场的空间。

基于以上几个方面的问题，打造气象产业生态圈主要着力点如下。

一是发挥国家气象在打造气象产业生态圈中的支撑作用。气象主管部门是气象产业发展的管理者，也是气象产业生态圈建构的重要方面。除加强政策引导、制度规范，当前，亟待从气象改革角度进一步明确气象产业定位。将气象产业定位为气象事业的补充显然无法适应气象产业快速发展的态势，宜从国家整体发展战略以及气象事业发展的大格局中将气象产业作为气象事业不可或缺的重要组成部分，明确政府投入的公共部门气象事业与以社会资本投入为主的私营气象的边界，加快气象产业发展规划、行动计划或气象产业发展指导意见等具有引领性文件的出台，做好气象产业发展资源总体布局的顶层设计，从国家层面对气象产业发展予以引导，强化国家气象在科技业务方面的基础性支撑作用，推动气象市场各类主体放开手脚，加快发展。推动气象产业与相关产业资源融合，积极扩充气象产业生态圈的外部资源，创造更多产业增长点。

二是完善气象产业生态圈的内容、结构和运行机制。发挥气象产业各个主体的能动作用，从产业发展整体逐步完善气象产业生态圈的基本内容，不断发现、优化气象产业各个节点因子间相互作用机制，使之成为气象产业发展的"导航仪"。加强产业内外部主体、资源布局协调，避免重复投入和同质化竞争，合理确定气象产业的边界，一方面为产业发展提供清晰的发展路线，另一方面为社会资本气象产业投入提供参考指南，促进气象产业市场主体集中和充分利用有限资源，合理拓展发展空间，提高发展效率。

三是消除影响气象产业市场发展的体制机制壁垒。抓住国家简政放权和相关领域放开搞活机遇，在涉及市场竞争的气象产业领域，积极探索产业促进机制，充分释放气象数据、业务科技、服务、自然资源活力，加快建立防雷检测、专业服务、装备仪器等重点领域统一的市场规则，加强事中事后监管和行业自律，打破区域、行业、领域间壁垒，建立政府、气象主管部门、部门内外企业、社会组织多方协同关系，共同推动气象产业市场资源优势发挥和效益实现。

四是培育、做强气象企业。企业是气象产业市场运营的主体。目前气象产业领域的企业以中小型为主，做大气象企业有赖产业市场气象需求的进一步挖掘。气象产业涉及制造业、服务业、传媒、软件开发、以及面向各行各业的专业领域，把企业做得有特色的，形成具有行业竞争力的核心技术、自主知识产权和商业运营模式，对于企业健康稳定发展具有重要作用。要进一步在政策引领、资源放开、基础业务科技支撑、社会资源融合等方面给予支持，改善企业营商环境，加快培育、形成一批有特色、具有引领示范行业发展作用的气象优势企业，优化气象产业生态结构，增强气象产业生态圈活力。

五是提升气象社会组织产业组织协调能力。无论是气象产业链的形成，还是气象产业生态圈的良性运转，都需要强化产业主体之间的协同。气象社会组织在这方面有着不可替代的社会功能。要加快建立健全由国家级社会组织牵头主导的产业共同体自律规则的建设，激活地方气象社会组织功能，协助政府和气象主管部门在气象相关政策制定、事业产业发展规划中合理分配产业相关资源要素，协调社会资源与气象产业资源的有效对接，拓展气象产业外部资源包括国际化发展空间，成为政府推动气象产业生态圈形成和良性运转的有力助手。

（本文主笔王昕，撰写过程征求并部分采纳了谢璞、王志强、张洪广、陈云峰、朱祥瑞等人的宝贵意见，特此鸣谢。）

参考文献

刘雅鸣，2019. 开拓创新推动气象事业高质量发展 为决胜全面建成小康社会提供高水平保障 [Z].

徐浩然，许萧迪，王子龙，2009. 产业生态圈构建中的政府角色诊断 [J]. 中国行政管理（8）：83-87.

袁政，2004. 产业生态圈理论论纲 [J]. 学术探索（3）：36-37.

中国气象服务协会，2017. 助力气象企业成长——中国气象服务产业发展报告（2016）[M]. 北京：气象出版社.

中国气象服务协会，2018. 释放气象资源活力——中国气象服务产业发展报告（2017）[M]. 北京：气象出版社.

WMO, 2019. ENEVA Declaration‑2019：Building Community for Weather, Climate and Water Actions [Z].

【特邀】

世界气象组织改革综述

张文建[①]

（世界气象组织，瑞士日内瓦）

2019年6月3—14日在联合国世界气象组织（WMO）总部所在地瑞士日内瓦召开的第十八次世界气象大会上，批准了自1950年本组织建立以来的前所未有的改革，整合重组规模也为WMO历史上前所未有。

一、全球经济社会需求促使WMO的改革

本次世界气象组织的改革首先是受到了世界气象组织新的发展战略的驱动。

一个多世纪以来，WMO一直提供必要的全球领导和协调，以支持各国履行提供天气、气候、水和相关环境服务的职责，从而保护生命、财产和生计。天气、水和气候现象的跨界性质需要所有WMO会员国和会员地区之间开展密切协调，以建立监测、分析和预测方面高度标准化的系统。WMO通过其各机构和计划已建立并推动开展前所未有的全球科学和业务合作，包括会员的国家气象水文部门（NMHS）、学术和研究机构、业务合作伙伴、社区及个人。

日益严峻的极端天气和气候事件，气候变化的严峻形势，迫切需要WMO会员在抗御、减缓和适应方面采取更加积极主动的行动，以应对和减少天气、水和气候极端事件对人员安全、国家经济、城市和农村环境以及粮食及水安全具有破坏性后果。1998—2017年期间，极端水文气象事件占世界灾害的90%以上。根据政府间气候变化专门委员会的报告，随着温室气体浓度持续上升，预计这些极端事件的频率和强度将升高。海平面上升也与气候变化有关，而全球生活在沿海地区的人口，将面临更高的威胁。为了影响各级政府、国际机构、

---

① 本文作者为世界气象组织助理秘书长。

经济决策者和公民制定减缓适应政策和决策，对于有用、易理解和权威气象水文信息的需求正在增长。

为了支持减灾和气候适应的国家议程，WMO可促进制作和提供易理解的和权威的气象水文信息和服务。这些信息对于加强对高影响天气、气候和水极端事件影响的抗御能力至关重要。这为支持制定和实施《巴黎协定》下的《国家适应计划》以及联合国系统在人道主义和危机管理方面的需求提供了必要的基础。

科学技术的快速发展为大幅改进服务并使其更易于获取提供了机会。先进的天气、气候和水文服务有助于进行及时有效的规划和决策，从而可产生更大的社会经济效益。通过加速各个领域的研究成果业务化周期，可进一步加强科学技术的贡献。

这给WMO带来了挑战。因为21世纪的监测、预测和服务系统更加复杂，包含日益庞大的数据集和先进的数值模式。因此，WMO在从发达国家向发展中国家转让现代知识和技术方面发挥着重要的作用，使其能够受益于新的信息时代。

二、世界气象组织新的发展战略引导WMO的改革

本次大会批准的新的发展战略，包括了到2030年的长期发展战略，以及决定了WMO在2020—2023年财期规划内最紧迫的发展需求和重点。发展战略中决定的三个总体优先领域包括：1）加强预防并减少水文气象极端事件造成的生命损失、重要基础设施和生计损失；2）支持气候智能式决策以建设或加强适应能力或抗御气候风险的能力；3）加强天气、气候、水文和相关环境服务的社会经济价值。

在以上三个总体优先领域的指导下，确定了5个具体的战略目标。1）更好地服务于社会需求：提供权威的、易理解的、面向用户和适合目的信息和服务；2）加强地球系统观测和预测：强化未来技术基础；3）推进有针对性的研究：利用科学领导地位促进对地球系统的了解以增进服务；4）弥补在天气、气候、水文及相关环境服务方面的能力差距：提高发展中国家的服务提供能力，确保为政府、经济部门和公民提供所需的基本信息及服务；5）WMO结构和计划的战略重组以有效制定及实施各项政策和决策。

三、世界气象组织本次改革的重要方面和举措

世界气象组织的结构分为五大组成部分：世界气象大会、执行委员会、区域协会、技术委员会和秘书处。以下分别阐述本次改革对以上五大组成部分的改革方面和举措。

（一）技术委员会的改革

由于WMO是一个以实时业务协调为主的科学技术组织，所以本次改革的最大看点是技术委员会的改革。技术委员会在将会员共同的专业知识用于协调设计和开发全球统一的系统及为会员开展的各类气象服务、制定相关标准和指导材料方面发挥着重要作用，这为实现本组织的宗旨做出了贡献，并为会员带来效益。技术委员会由会员推荐的高级专家组成，定期研究和审议科学技术的进步，使会员随时掌握全球技术进展情况并向大会、执行理事会和其他组成机构就这些进展及其影响提供咨询。技术委员会也制定供执行理事会和大会审议的气象和水文学方法、程序、技术和做法等拟议的国际标准，特别包括《技术规则》的相关部分、指南和手册等。改革前WMO的技术委员会分为两大类，第一类为基本委员会，从事基本业务和设施，以及大气科学研究，其中包括四个委员会：

1）基本系统委员会（CBS）；

2）仪器和观测方法委员会（CIMO）；

3）水文学委员会（CHy）；

4）大气科学委员会（CAS）。

第二类为应用委员会，从事应用于经济和社会的活动，其中也包括四个委员会：

1）航空气象学委员会（CAeM）；

2）农业气象学委员会（CAgM）；

3）WMO-IOC海洋学和海洋气象学联合技术委员会（JCOMM）；

4）气候学委员会（CCl）。

大部分技术委员会都有长达六十年以上的历史（JCOMM除外），为世界气象组织的发展做出了不可磨灭的历史贡献。但是一些弊端也逐渐显露出来，例如各个技术委员会都如同一条独立的生产线（观测，数据采集交换，数据处理和模式发展，预报预测技术等），但是生产的产品却有相当的重复，导致专家

组队伍的持续膨胀，WMO会议数量的急剧增加，而技术委员会之间却缺乏有效的交流沟通机制，这就造成了不可避免的重复。某些知名专家同时成为了5～6个技术委员会的专家组成员，同样的报告需要多次流转以便在不同的技术委员会组织的会议上重复地上演也让专家苦不堪言。

更为急迫的是，随着技术和体制环境瞬息万变，对于WMO所有业务领域中信息和服务的社会需求不断增长，这就促使WMO需要在服务提供价值链上采取全面综合的方法。WMO第十八次大会认识到，只有通过整合和精简主要组织领域的专门知识和规范工作，可以实现这种整体方法，其中包括：1）进行地球系统观测、信息管理、预报和产品制作的综合基础设施和方法，2）应用和服务的开发，以及向政府、公民和经济部门提供服务的相关方法，3）重点科学研究和能力发展。

技术委员会的重组旨在支持战略计划，该计划旨在支持开发：1）地球系统科学从气候尺度到微尺度的无缝预测方法，是依托天气、水、海洋和气候联系的概念；2）天气、水、海洋和气候联系的综合方法，它支持会员努力使用完全耦合的地球系统模式方法最终统一业务预报系统，涉及所有时间尺度上对大气和地球系统其他要素有直接影响的例如在海洋和冰冻圈变化；3）服务和应用的综合跨学科方法，强烈关注用户和使用案例，推动基于影响的方法，并支持为通用服务类（如质量、能力、适用性、可获性）共同制定标准和方法，以及服务提供创新（例如通过社交媒体）。在以上指导思想下，气象大会根据《世界气象组织公约》第八条第7款的规定，将世界气象组织的现有八个技术委员会重组为两个大的技术委员会（具有政府间组织的性质）：

1）观测、基础设施与信息系统委员会（简称"基础设施委员会"）；

2）天气、气候、水及相关环境服务与应用委员会（简称"服务委员会"）。

为了加强科学研究，大会还决定成立WMO研究理事会。大会期间选举了两个新的技术委员会的主席和副主席，以及研究理事会的主席等。为确保重组的顺利进行，大会建立一个过渡小组，由现有和新当选的技术委员会的主席及副主席、研究理事会和水文大会的主席和副主席，以及区域协会的主席组成，由新委员会主席及研究理事会的主席主持过渡小组工作，新的技术委员会和研究理事会第一次联合届会将在2020年4月举行。世界气象大会对于新成立的技术委员会给予了高度期待，并相信一定会大大提高效率和增强活力，为会员们作出更大的贡献!

（二）WMO其他组成部分的改革以及技术委员会改革对其他组成部分的影响

1. 世界气象大会改革主要涉及的方面

1）缩短大会会期，并更加关注战略和政策问题。对未来世界气象大会的机制做了调整，以前的四年一次的世界气象大会都是三周左右的时间，大会议题80%左右是技术议题（其中大部分是描述性的技术文件，并不涉及会员的业务体制和技术体系的变化）。本次大会的安排是第一次新的尝试，会期压缩至两周，将大会主要时间安排在集中讨论战略发展层面，未来体制方面，以及一些重要的政策性议题方面，例如，通过改革加强和其他相关国际组织的合作，私营企业的伙伴关系等。技术议题方面，由于技术委员会的重组和整合，以后绝大多数描述性的技术问题都可以由技术委员会大会决策，世界气象大会上可以大大地压缩这些描述性的技术文件，集中精力决策那些影响现行和未来业务运行的技术规范化文件的审议，实现压缩会期的目标。

2）本次大会提出将每四年召开一次大会改为两年一次大会（非选举），这样做将有益于更频繁地聚集会员开展有效和包容性治理，更多参与促进本组织的技术进步和政策制定，以及关注科学技术的快速进展不断带来提升服务质量的机会，从而更好地惠及社会。从技术方面，确保快速领会本组织观测资料及预测资料收集和交换以及服务提供等主要系统演进方面的创新，修订《WMO技术规则》框架及制定指南和能力开发活动。本次大会大约有140多个永久代表是第一次参加世界气象大会，很多国家的局长任期都在缩短或者岗位轮换更加频繁，增加频次可以增加会员们的组织拥有感和提高参与决策的机会。进一步考虑到四年一周期的第一次大会可专门讨论战略、政策、预算、结构和选举，第二次大会（特别届会）可专门讨论规范和监管事宜、战略目标及能力开发的进展，以及必要时其他选定的主题，但是基本上不涉及选举问题。

3）第十八次世界气象大会决定在2021年6月召开大会特别届会（会期5天），旨在（a）梳理和指导改革过程，（b）加强WMO履行关于为可持续水资源管理提供信息与服务职责的制度安排，以及（c）批准和维持与本组织业务运行高度相关的《技术规则》框架。以上议题安排和本次大会还建议，今后在大会期间并行召开水文大会的意愿，以便吸引更多的高级别水文领域的人员参加WMO的高层活动。

2. 执委会改革的主要内容

1）将执委会的主要职能定位在发展战略、政策制定、顶层协调、区域能力发展和伙伴关系等方面；

2）成立执委会政策质询委员会（PAC），实质上就是取代目前的EC-SOP（执委会发展战略和业务运行计划工作组）的主要功能，成员主要由区域协会主席、重要执委会成员等组成；

3）成立执委会技术协调委员会（TCC），主要负责协调两个技术委员会之间，技术委员会与研究理事会之间，以及技术委员会和区域协会之间的顶层合作事宜，加强执委会对于技术委员会和研究理事会的监管作用，防止自由化，而将具体技术问题交付与技术委员会；其目的就是大大简化执委会的下属机构。这些原则都是符合执委会主要职能的。

3. 区域协会的改革

本次大会也对区域协会提出了改革要求。但是整体上没有太多新意，也是未来需要进一步改革的领域。在WMO"改革的下一步"文件中，提出了以下要求：同意WMO改革工作应在第十八财期继续进行，并应侧重于以下领域：

1）确保战略、计划和财务框架之间的连贯性和一致性；根据基于长期目标和战略目标的WMO战略计划，运行计划和预算简化WMO技术和科学战略、规划及各计划，

2）全面审查WMO区域概念和方法，以加强区域协会的作用并提高其效力，实际上这是为进一步深化WMO区域协会的改革埋下的伏笔。

4. 成立新的科学咨询组和研究理事会，全面协调和支持WMO新科学技术开发

世界气象大会基于《2030年可持续发展议程》《巴黎气候变化协定》和《仙台减少灾害风险框架》面临的全球社会挑战以及由此产生的对多学科科学远见的需求，考虑到独立科学建议带来的益处将加强WMO从科学和技术突破中获益的能力，以便引领天气、气候、水和相关环境领域的进步，为应对上述挑战，决定设立科学咨询组。

科学咨询组（SAP）最多由15位天气、气候、水、海洋和相关环境及社会科学领域国际公认的顶级独立专家组成。科学咨询组应是本组织的科学咨询机构，就WMO研究战略和最佳科学方向等事宜为大会和执行理事会草拟意见和建议，以支持其在天气、气候、水和相关环境科学及社会科学领域的职责演变。

咨询组就新兴的挑战和机遇提出前瞻性的战略建议,尤其是:1)以现有的证据为基础,在新技术和科学进步向与WMO核心活动相关的新应用开放的领域提供咨询;2)促进WMO在天气、气候、水和相关环境科学领域在联合国及其他范围内作为首要科学组织的全球地位和知名度,并加强WMO促进所有参与者在天气、气候、水、海洋和环境科学领域开展国际合作的作用;3)促进WMO及其会员的科学视野和发展趋势,将其作为创新、理解和开发新型和改进型天气、气候、水和相关环境服务等专门知识的主要驱动力。

世界气象大会考虑到将研究成果有效地纳入业务系统将极大地推进WMO战略和运行计划的实施,而政治决策需要坚实的科学基础,并进一步考虑到需要在科学咨询组提供指导的协助下,制定一项机制,以协调本组织研究计划的实施,从而实现战略计划的长期目标和具体战略目标,决定建立天气、气候、水和环境研究理事会。

研究理事会由25名活跃于天气、气候、水、海洋和相关环境和社会科学领域的成员组成,并考虑地域平衡以及体现WMO性别平等政策。此外,可邀请与WMO签订协议或安排的联合国、国际组织合作伙伴、科学基金机构和私营伙伴,提名科技创新专家以正式或临时的方式参与理事会的工作。研究理事会应召集与WMO合作的广泛国际科学界,他们重视通过与WMO的关系增强其研究的社会影响的机会。研究理事会可促对天气、气候、水和环境等综合和多学科研究方法,并在地球系统科学的背景下发展价值链的所有要素,包括从发现科学到服务社会。

研究理事会围绕WMO战略计划的研究目标,以包容、灵活和前瞻的方式召集、组织和激励科学和技术界。研究理事会应确保:1)适当地建立从发现科学到基于科学的决策制定等价值链的所有要素;2)收集WMO会员在科学技术进步方面的需求;3)会员可以获得科学技术能力的进步成果;4)支持欠发达国家提高其研究能力。

四、改革的持续和深化

第十八次世界气象大会特别通过了"改革的下一步"文件,主要内容包括:

同意WMO改革工作应在第十八财期继续进行,并应侧重于以下领域:

1)确保战略、计划和财务框架之间的连贯性和一致性;根据基于长期目标和战略目标的WMO战略计划，运行计划和预算简化WMO技术和科学战略、规划及各计划；

2）全面审查WMO区域概念和方法，以加强区域协会的作用并提高其效力；

3）在行政流程、规则和做法方面不断加强和创新；

4）审查和调整秘书处的结构、人员配备和规则，以提高其在为会员服务方面的效用和效力。

要求执行理事会就上述1）和2）条的情况向大会报告；要求秘书长就上述3）和4）条的情况向大会报告。

要求执行理事会：

1）继续审查组成机构结构，以及制定战略计划的未来重点领域（成果）；

2）在2023年向第十九次大会提出建议，以确定在第十九财期实施战略计划所需的相关组成机构结构、程序和措施。

上述内容明确了WMO改革的持续性和下一步的重点。世界气象组织秘书长正在遵循本次大会的决议，以效率化和责任分工明确的原则对秘书处的结构进行调整，并明确提出了进一步优化行政流程和改进效率的一系列要求。

五、结束语

总体来说，世界气象组织正围绕三个"加强"进行改革：一是加强世界气象组织与全球经济社会发展的战略对接；二是加强内部整合，将八个技术委员会整合为两个委员会及更开放的研究团队；三是加强伙伴关系，包括同联合国相关组织、开发伙伴（世界银行、非洲发展银行等）及区域合作组织的合作。世界气象组织希望通过这三方面的改革，使世界气象组织进一步为人类、为联合国体系做出更大的贡献。

【特邀】

世界气象组织关于公私伙伴
关系的讨论进展

徐相华①

（中国气象局，北京 100081）

在全球气象事业发展的大框架下推进公私伙伴关系近年来日益受到全球气象界的重视。世界气象组织（WMO）从2015年起发起了关于公私伙伴关系的讨论。此外，WMO还与世界银行、美国气象学会、美国国家天气局等一道，推动关于公私伙伴关系和全球天气事业的讨论。

本文旨在通过介绍气象领域公私伙伴关系的发展和WMO关于公私伙伴关系的讨论，为国内公共和私营部门之间公私伙伴关系的讨论及未来共同参与WMO相关工作提供参考。

一、气象领域公私伙伴关系的由来

在世界气象组织，公私伙伴关系最早可以追溯到1872年的莱比锡会议所倡导的事业理念和多利益相关方的方法。该会议为1873年的第一届国际气象大会奠定了基础。莱比锡会议的邀请函中提及"我们鼓起勇气发出通函，邀请气象研究所、气象和其他学术团体的负责人，以及气象领域的私营科研人员以及实践观测人员，参加在莱比锡举行的磋商会议……"

随着社会经济的发展，新科技对气象事业发展和格局带来的复杂深刻的影响，政府、民众等各方面对气象服务的依赖越来越强，对高质量气象服务需求更加多样化。这些给私营气象企业的发展提供了新天地，私营部门在气象服

---

① 本文作者为中国气象局国际合作司副司长。

务方面的作用和影响快速提升。传统上，与气象相关的大多数私营部门主要从事设备制造和提供媒体服务。但是近年来，一些气象服务企业已建立了"端到端"能力，并实现了区域和全球覆盖，对国家气象部门形成挑战。这就要求大家研究如何在国家气象部门与私营气象部门之间建立一种良性互动关系，达到共同改进气象服务的目标。妥善处理好两者的关系，既是对政府气象部门的考验，也是私营机构发展中需要解决的问题。

世界气象组织作为联合国系统负责天气、气候、水和相关环境事务的专门机构，已关注到公私伙伴关系对传统气象工作的冲击。WMO认识到在公私伙伴关系上如果不作为或将私营企业排除在管理之外，可能会给全球气象工作带来重要影响。WMO因此联合世界银行等推动国家气象部门与私营部门等利益相关方的对话，尝试未来将私营气象服务工作纳入WMO管理范畴。此前，1995年的第12次世界气象大会曾通过了"第40号决议（Cg-12）——WMO关于气象及其有关资料和产品交换的政策和实施方案以及商业化气象活动中有关各方的关系准则"及附录2"在商业化活动中各国家气象部门之间的关系准则"来解决一方面维护和改进气象资料和产品的自由交换，另一方面保护各国的经济利益和发展其国家气象部门。

二、WMO关于公私伙伴关系的讨论

（一）第17次世界气象大会

2015年召开的第17次世界气象大会在"未来挑战和机遇"议题下首次将私营部门未来在气象中的作用列为重要议题。大会认为，私营部门参与气象服务能够提高公众天气服务的可用性，需要加强国家气象部门与学术机构及私营部门之间不同但又有互补的作用和职责，从而支持WMO的愿景、任务和目标。一些会议代表担心这些活动对国家气象部门的持续发展产生影响，并有可能导致非权威的天气和气候信息激增，从而挑战国家气象部门向公众、媒体和灾害管理部门分发权威的天气信息和预警的职责。因此，大会决定研究制定WMO与私营部门发展伙伴关系的指南，以支持国家气象部门和私营部门之间的有效合作。

（二）WMO执行理事会第68次届会

2016年的WMO执行理事会第68次届会举办了国家气象部门与私营机构伙伴关系专题对话会。基于对话会的讨论，执行理事会审议了公共和私营部门参与天气事业的政策和指导原则所涉及的关键问题。会议支持将公私伙伴关系视为两者发展的机遇，强调合作而不是竞争。会议也注意到公私伙伴关系存在多种商业模式，WMO未来制定的国际原则可为不同的商业模式提供足够的灵活性。

会议指出了公私伙伴关系政策和原则涉及的18个关键问题，包括：公私伙伴关系的概念将会在全球、区域和国家层面上有不同的表现形式；明确的角色和职责——立法（职权），国家气象和水文部门是在预警方面权威的声音，信息的权威来源；需要就资料政策商定政策并共享承诺——免费和无限制的资料交换；共享专业技术和知识，以及技术转移；成本、责任分担、利益共享；WMO/国家气象水文部门的基本系统和基础设施对全球、区域和国家的天气、气候、水、海洋和环境事业至关重要；应汇编WMO的各项标准；合作、协作、互补和专业原则；包容性——公共部门、私营部门和学术界；"一个国家也不能落下"——始终关注最不发达国家和小岛屿发展中国家；共同和分担责任的原则；平衡"大数据"与适用资料的机会和成本；迫切需要适应、加快理解新/变化的技术；通过持续和广泛对话与磋商取得进展；归因要求（公益信息/服务的信誉来源）；问责（信息/服务）；从事全球天气事业所有各方共同的行为准则；WMO作为公私伙伴关系的促进方和推动方的关键作用。这些关键问题为后续讨论奠定了很好的基础。

中国气象局领导应邀在会上做了主旨报告，介绍了中国气象局对处理与私营机构伙伴关系的看法，中国的做法和经验，以及处理好伙伴关系的相关建议，并介绍了中国气象服务协会的运作情况，分析了国家气象部门和私营气象机构的作用和各自优势，强调双方互为补充、互为促进的关系。他指出，国家气象部门应发挥主体作用，利用新技术提升自身能力，依法履行作为国家唯一权威气象预警机构的职责。同时，他认为，对私营机构的参与应持开放态度，并应遵循共同但有区别的基本原则，促进这种伙伴关系的发展。他强调，要加强发展中国家，特别是最不发达国家气象部门的能力建设，使其能适应科技进步和气象服务市场化的进程。中国代表的意见得到了全体参会人员的赞赏。

（三）执行理事会第70次届会

基于执行理事会第68次和69次届会以来的工作，2018年的执行理事会第70次届会通过了"公共-私营参与的政策框架"的决议，用以引导公共、私营和学术部门参与全球天气事业，指导各国的公私伙伴关系。

这一政策框架对私营部门越来越多地参与天气、气候、水和相关环境工作给予肯定。认为私营部门已成为在端到端的服务提供方面的利益相关方，可以支持WMO的愿景、任务和目标。强调了双方之间不同但又互补的作用和职责。公私伙伴关系能刺激创新并促进相互受益，最终有利于社会。私营部门也是国家福祉的重要贡献者，起到了非常重要的作用，包括它们是投资来源、技术开发和创新的驱动力、服务开发和提供的合作伙伴、也是经济增长和就业的推动力。

政策框架也提到，公私伙伴关系的发展将对WMO关于收集、加工和交换气象、水文、气候和其他环境资料的体制安排以及关于制作和提供各自信息和服务的体制产生非常深远的影响。气象服务的独特之处在于它依赖于全球观测和资料交换，因此，拥有强大的国家和全球气象和水文基础设施符合各方利益，是全球天气事业的支柱。私营气象部门的发展有可能会削弱通常由国家气象水文部门负责管理的核心观测资产，破坏持续的长期国家观测能力，进而损害国家和全球气候监测。私营气象服务还可能会导致传播各种性质和质量不一的天气和气候信息，挑战国家气象水文部门在履行向公众和灾害管理部门传播权威性天气信息和警告的任务。

政策框架提出了公私部门共同参与的八条原则：（1）各方都要为《世界气象组织公约》（简称《公约》）总体目标的实现做出贡献；（2）应创造共同的价值，寻求互补和双赢，携手解决社会面临的挑战；（3）要合作确保天气事业的可持续性，尽量减少重叠或竞争；（4）要共同进步，减少科技飞速发展带来的发达国家和发展中国家之间差距拉大的风险；（5）应为公共和私营部门创造公平的竞争环境；（6）应保持WMO及其会员气象机构的完整性及信誉、独立性和公正性；（7）应尊重WMO会员在其主权国家内如何安排和提供天气、气候和水文服务的特权；（8）与私营部门合作应该是透明的。

政策框架还探讨了WMO和各国（包括私营和学术部门）的作用。WMO可在制定标准和推荐规范、鼓励免费和无限制地交换资料、促进所有利益相关方之间开展对话、研究在公私参与方面新出现的问题及影响、促进对话和协商、积极发挥区协协调职能等方面发挥作用。各国政府可在组织公私对话、鼓励立法、敦促采用WMO标准和指南、促进与终端用户的伙伴关系、探索新型伙伴关系等方面发挥作用。未来可进一步发展和推动以资源利用、成本和收入分享为基础的商业模式。

（四）第18次世界气象大会

2019年6月的第18次世界气象大会期间召开了题为"面向下一代天气和气候智能的伙伴关系与创新"的公私伙伴关系高级别圆桌会议，对公私伙伴关系进行了深入讨论。各方围绕未来数据、预报服务方面的挑战以及如何增进信任等展开了交流。圆桌会议决定建立公私对话的永久性开放协商平台，以开放、建设性和共同参与的方式，本着相互尊重和相互信任的精神，帮助公共、私营和学术利益相关方参与和应对气象事业面临的挑战与机遇。会议决定未来的WMO执行理事会或大会期间都将举行此活动，作为多方对话、合作的正式渠道。

大会还通过了《日内瓦宣言——2019：构建天气、气候和水行动共同体》（见附录），取代1999年通过的《日内瓦宣言》，反映了WMO关注重点的变化。新的宣言宣示了WMO在促进公共、私营、学术团体合作、共建全球气象事业的立场、政策和指导原则。宣言较全面地平衡了各利益相关方的关切，强调WMO在全球基本系统协调、国际标准制定、促进WMO资料交换政策等方面的职责和作用，强调国家气象水文部门在预警发布方面的权威地位，要求各国政府立法确保国家气象水文部门气象预警方面的权威声音、履行国际义务、促进国内伙伴关系建立，欢迎私营部门、学术机构、国际援助资金机构等更广泛地参与解决与天气、气候和水有关的社会需求，为不发达国家气象部门的能力建设提供支持。

此外，WMO秘书长在近期改革后的秘书处架构下增设了公私伙伴关系办公室，设司长级负责人1名，直接向WMO秘书长报告。体现了WMO秘书长对未来公私伙伴关系工作的高度重视。

（五）WMO与其他机构的联合活动

WMO还与世界银行、美国气象学会、美国国家天气局一道，推动关于公私伙伴关系和全球天气事业的高级别讨论，搭建沟通平台，为WMO政府层面的讨论做铺垫。

2017年的第97届美国气象学会期间，WMO与美国国家天气局举办了主题为"不断发展的全球天气事业：新科技、新行动者和可持续的劳动力"的研讨会。会议重点讨论了新环境、科技和社会趋势给国家气象水文部门带来的机遇和挑战。会议指出公众和用户对气象服务需求的不断提高是未来气象事业发展重要的驱动因素，而一系列重大科技进步将为迎接未来挑战提供巨大潜力。这些科技进步包括如下三方面：更全面、更准确的观测技术，可提供有效的全球三维大气观测以及更丰富的地球系统信息；数值模式及同化系统水平的提升，包括对数值模式结果不确定认识水平的提升，将有效改进预报预测准确率和精细化程度；大数据、云端存储及分析、人工智能等新技术的快速发展和广泛应用将深刻影响气象预报和气象服务，大幅提升未来气象专业化服务的能力和水平。

2018年的第98届美国气象学会年会期间， WMO和美国气象学会（AMS）联合举办了题为"开启全球天气事业的未来"的全球天气事业和公私伙伴关系研讨会。会议注意到私营企业和学术团体已全面参与了涵盖观测方法研究与气象仪器制造—气象观测—资料分析处理—模式研发—预报预测—服务提供—效果检验—效益评价的全球天气事业价值链。会议代表们认为，公共部门、私营部门、学术团体目标一致，都是为了壮大全球气象事业，造福人类，三者缺一不可，需要相互信任，建立伙伴关系，营造公平的竞争环境，实现合作共赢。会议也强调，应尊重各国在公私伙伴关系方面的模式差异和自主选择。

三、对中国参与国际公私伙伴关系工作的思考

中国气象服务国际化是气象产业发展的必然趋势，因此，深度参与WMO关于公私伙伴关系的讨论既是中国参与气象国际治理的需要，也是中国气象企业走出去的需要。可重点从以下几个方面参与WMO公私伙伴关系工作。

一是中国可在WMO公私伙伴关系平台和机制建设中发挥示范作用。很多国家至今尚未建立公共部门和私营企业沟通的平台和有效的合作机制，使得其本国私营部门的呼声和诉求缺乏表达的渠道。2015年5月成立的中国气象服务协会成为推动中国国内气象伙伴关系的重要平台，有助于推动中国气象行业技术创新和健康可持续发展。中国气象服务协会组织的全国智慧气象服务创新大赛也是公私伙伴关系推动共同发展的范例。中国可以通过WMO与其他国家分享在公私伙伴关系方面的类似经验和做法，提升中国气象企业的国际影响力，并帮助其他国家减轻在推进公私伙伴关系方面的风险和担忧。

二是中国私营气象部门应更多参与WMO规则和标准的指定。WMO未来在规则和标准制定过程中将会吸收更多来自私营部门和学术界的专家参与。中国私营气象部门应主动向中国气象局推荐优秀专家参与国际标准和规则的制订，赢得先机。政府部门也应创造条件，充分发挥私营部门的技术和人才优势，吸纳

中国私营部门对全球气象事业发展的意见和建议。

三是中国应更深入地参与WMO公私伙伴关系讨论和活动。 WMO未来将组织更多关于公私伙伴关系的讨论。中国气象局应充分发挥中国气象服务协会及其成员的作用，鼓励中国私营气象部门更多地参与未来公私伙伴关系和全球气象事业发展的讨论，特别是关于未来国际气象资料交换问题的讨论，要形成政府、企业、专家多层次参与的局面，共同代表中国发挥影响力，掌握主导权。

附件：

第18次世界气象大会宣言
构建天气、气候和水等行动共同体

我们，世界气象组织（WMO）143个会员的代表， 于2019年6月3日至14日在日内瓦举行了第18次世界气象大会，会上考虑到：

——与极端天气、气候、水及其他环境事件有关的全球社会风险应通过跨学科和多部门的伙伴关系加以解决；

——利用气象、气候、水文和相关环境信息和服务为关键决策提供信息的机会不断增加，可以促进提高社会和组织的抗御能力和可持续的经济发展。

因此发布如下宣言：

我们注意到：

——全球议程强烈关注与天气、气候和水有关的近期和长期挑战，正如《2030年可持续发展议程》《巴黎协定》和《仙台减少灾害风险框架》所述；

——在全球、区域、国家和地方层面，公共、私营和学术等部门以及民间团体之间建立包容性伙伴关系有益于实现可**持续发展目标。**

我们进一步注意到：

——**科学和技术的进步**可极大地提高我们为政府、企业和公民制作决策支持性资料、产品和服务的集体能力；

——对天气、气候和水等信息和服务的**需求在快速增长和变化，**而通过开放对话加强公共、私营和学术等部门之间的协调与合作，可更有效地满足这一需求。

我们承认：

——**需要加强整个天气、气候和水等服务价值链**——从获取和交换观测资料和信息，到资料加工和预报，再到服务提供——并满足不断增长的社会需求；

——在促进价值链所有环节并加速创新方面**私营部门的能力在不断发展，参与正越来越多**；

——不同利益相关方的**商业模式差异**以及会员的不同立法框架；

——在提供基本服务方面，**发达国家和发展中国家之间存在长期的能力差距**，这有碍于抗御自然灾害；

——**公共资金的压力**，这会抑制一些国家气象和水文部门（NMHS）维持和提高必要基础设施和服务的能力；

——**WMO必须更紧密携手**开发机构和资助机构、私营部门和国际金融界来设计和指导旨在缩小能力差距的发展援助；

——**需要采取创新方法和激励措施**，以便公平和公正地获取资料，包括获取所有部门迅速增加的非传统资料。

我们重申：

——根据WMO公约第2条概述，**WMO的使命**是通过信息和服务、标准、应用、研究和培训的交流，促进全球在监测和预报天气、气候、水和其他环境条件变化方面的合作；

——**WMO在制定和颁布国际标准方面的作用**，以确保信息和服务的质量、互可操作性和适用性，以及确保促进所有利益相关方遵守这些标准；

——在监测、了解和预测天气、气候和水方面以及在提供相关信息、警报和服务满足国家、区域和全球需求方面，**NMHS使命的至关重要性**；

——**会员国承诺**依据世界气象大会决议40（Cg-12）、决议25（Cg-13）和决议60（Cg-17），**扩大和加强免费和无限制地交换气象、水文和气候资料和产品**，并获取WMO通过其计划协调的国际基础设施和各种设施。

——**会员政府有责任维护和维持必要的基础设施**以及用于观测、资料交换和信息提供的国际系统和设施的运行。

我们欢迎：

——公共、私营和学术等部门之间更密切的合作将**为所有利益相关方和更广泛的用户群体带来机遇**；

——**所有部门都参与**通过天气、气候及水和其他环境信息和服务满足社会需求；

　　——会员和伙伴国际组织为维持和发展WMO通过其计划所协调的**全球气象基础设施做出贡献**；

　　——**WMO的如下作用不断演变**，即促进建立和扩大公共、私营和学术等部门各利益相关者之间的伙伴关系，从而显著提高所有国家的高质量天气、气候、水和其他相关环境信息和服务的可用性。

　　我们敦促公共、私营和学术等部门的**所有利益相关方**遵守《联合国全球契约》以及WMO制定的成功伙伴关系原则，以便：

　　——**共同推动**实施《世界气象组织公约》中所述的总体目的；

　　——**尊重共同价值观**，为基于科学的创新和增长创造机会，利用专业知识为各方提供积极成果和解决方案，支持知识和技术转让及采用，投资地方研究，并开发人力资源；

　　——寻求可提高效率和更好服务社会的多部门参与的机会，从而**促进全球基础设施的可持续性**；

　　——**促进免费和无限制的国际资料共享**，但要根据国情，并适当尊重知识产权；

　　——通过协调的方式使公共、私营和学术等部门以及民间团体和投资伙伴参与进来，**使所有国家共同进步**，要特别关注弥合发展中国家、最不发达国家（LDC）和小岛屿发展中国家（SIDS）的现有差距；

　　——**促进和维护公平和透明的安排**，遵守质量和服务标准，推进在提供公益产品方面的共同目标，并考虑具体利益相关方的需求，例如：

　　o确保公共和私营部门的实体及其相互间平等对待对有使用限制的商业数据的获取；

　　o承诺遵守关于数据提供和避免反竞争行为的相关国家和国际立法和政策；

　　——通过参与互惠互利的关系和伙伴关系**寻求完整性**，造福社会；

　　——在决定如何组织和提供天气、气候和水等服务方面**尊重会员主权**，包括采用国家和区域法律和政策，按照免费和无限制的原则提供资料和产品，并分配与公共安全有关的主要国家责任。

　　我们还鼓励：

　　——**追求效率，强化物有所值**，包括多部门和跨境伙伴关系；

　　——**制定创新的资料交换机制和激励措施**，以提高资料可用性，解决现有资料差距，促进更多资料共享并避免碎片化；

——就各部门利益相关方之间建立信任、相互理解和实现合作**继续开展对话和提出倡议**；

——**各个部门的利益相关方**有力倡导持续投资核心公共基础设施和能力；

——**与经济共同体合作**，更好地了解提供天气，气候，水和环境服务的商业模式和经济框架，并努力实现创新和互利的方法。

我们呼吁各政府适当考虑本宣言所做的声明，以便：

——促进公共、私营和学术等部门之间在国家和国际层面上的**结构性对话**；

——与国家灾害管理权威部门合作发布支持有关自然灾害和灾害风险关键决策的预警和相关信息，**保护和加强NMHS的权威声音**；

——**努力做好适当的立法和/或制度安排**，以实现跨部门伙伴关系，并为互利合作与协作消除障碍；

——**确保履行国际承诺**，包括《世界气象组织公约》中的承诺，以实现国际基础设施的可持续运行和所需资料的交换；

——促进所有利益相关方采用和**遵守WMO标准和指南**，以提高互操作性以及资料和产品的质量；

——**与民间团体合作**，扩大对社区和公民的宣传，尤其是增强公众对自然灾害预警的理解和响应；

——**鼓励各部门的利益相关方**促进国际资料共享，根据需要提供资料以用于基本公共目的，例如减少灾害风险。

我们呼吁伙伴组织和开发机构与WMO密切合作，以便：

——通过多利益相关方战略伙伴关系，利用所有部门的投资、专长和知识，**提升能力发展举措的影响**；

——通过利用财务上可行的商业模式，为发展中国家、最不发达国家和小岛屿发展中国家的基础设施现代化和加强服务提供可持续的解决方案，从而**确保充分利用发展资金来缩小能力差距**；

——与公立机构、私营和学术部门以及民间团体合作，通过更多融入NMHS的专业知识，**优化国家适应规划和灾害风险管理**，以建立各级的抗御力；

——**加强**发展中国家、最不发达国家和小岛屿发展中国家的能力，通过WMO全球系统促进资料和产品的国际交换，并从会员共同制作的全球公共产品中获益。

深化改革篇

"十三五"以来气象部门全面深化气象改革进展情况

林　霖　于　丹　卢介然

（中国气象局发展研究中心，北京　100081）

"十三五"时期，全国气象部门按照中央决策部署，坚持发展与改革有机结合，围绕贯彻落实习近平新时代中国特色社会主义思想、供给侧结构性改革、干部人事制度改革等，深化气象服务体制改革、气象业务科技体制改革、气象管理体制改革，为气象事业发展提供了强大动力。

一、党中央全面深化改革的顶层设计和明确要求，指明了气象改革的正确方向

"十三五"以来，中央围绕经济建设、政治建设、文化建设、社会建设、生态文明建设出台实施了一大批重大改革举措，主要领域改革主体框架基本确立，重点领域和关键环节改革取得突破性进展，有力地推进气象改革往纵深发展。国家"五位一体"总体布局和"四个全面"战略布局中，在国家实施的系列重大战略和三大攻坚战中，都蕴含着对气象改革发展的巨大需求。尤其是党的十九大以来，党和国家对气象服务保障经济社会发展和人民安全福祉提出一系列的新要求，比如，"提高自然灾害防治能力""加强农村防灾减灾救灾能力建设、提升气象为农服务能力""建立全球观测、全球预报、全球服务的气象保障体系""坚决打赢蓝天保卫战""共谋全球生态文明建设，引导应对气候变化国际合作"，赋予气象服务保障的职责，开拓气象改革发展新局面。特别是习近平总书记对气象监测预报、综合防灾减灾救灾、应对全球气候变化、生态文明建设、利用风云气象卫星服务"一带一路"沿线国家等作出了一系列重要指示，赋予气象开放发展新的责任使命，为深化气象改革开放注入了强大

动力。

二、中国气象局党组贯彻执行中央和国务院的改革部署，有力保障气象事业高质量发展

中国气象局党组坚决贯彻落实党中央和国务院改革部署，围绕贯彻党的十九大精神，明确到2020年、2035年，以及到21世纪中叶三个阶段的奋斗目标。围绕创新驱动发展、乡村振兴、区域协调发展、可持续发展、军民融合发展战略，以及坚决打好防范化解重大风险、精准脱贫、污染防治攻坚战，对标防灾减灾救灾、生态文明建设等要求，制定气象防灾减灾救灾工作的意见、加强生态文明建设气象保障服务工作的意见、贯彻落实乡村振兴战略的意见、气象"一带一路"发展规划、全面推进气象现代化三年行动计划。面向全球开放共享风云气象卫星资料和产品服务，建立风云卫星国际用户防灾减灾应急保障机制。推动落实与世界气象组织签署的关于推进区域气象合作和共建"一带一路"意向书的各项任务。深化京津冀、长江经济带气象协同发展，编制粤港澳大湾区、雄安新区气象发展规划，支持海南全面深化改革开放，加大向西部倾斜和对口支援力度，区域协调发展气象保障更加有力。专题研究部署和推进气象助力精准脱贫、气象为农服务工作、应对气候变化等工作，抓好突发事件预警发布能力提升、风云气象卫星、气象信息化、海洋气象保障、区域人工影响天气等重大工程项目实施。近五年来，中国气象局党组深化气象改革领导小组共召开38次全面深化气象改革领导小组会议，研究深化气象改革重大问题55项，制定出台改革制度性成果100余项。

三、加快构建开放多元有序的新型气象服务体系，气象服务有效供给能力持续提升

（一）政府在公共气象服务中的主导作用进一步强化

组织开展气象综合防灾减灾专项设计，推进政策环境和体制机制战略研究，出台《中国气象局关于加强气象防灾减灾救灾工作的意见》。全国31个省（自治区、直辖市）、239个市（地、州、盟）、1293个县（旗）制定气象防灾减灾和公共气象服务权利和责任清单，其中，21个省（自治区、直辖市）将气象防灾减灾和公共服务权责清单纳入地方政府权责清单。制订《气象部门政府购买服务指导性目录》，推动地方建立完善气象服务投入保障机制提供制度

支撑。全国155个市、675个县实现将公共气象服务和气象防灾减灾内容纳入政府购买公共服务目录，186个市、874个县气象局以政府购买形式承接人工影响天气、农业气象服务、气象设备维护、信息传播等气象服务。建立了比较完善的"党委领导、政府主导、部门联动、社会参与"的气象综合防灾减灾体系，推动气象在政府履行公共服务职能中的作用不断增强。建立气象服务市场管理体系，基本完成气象服务市场管理和标准体系建设。

（二）气象部门在公共气象服务中的主体作用得到显著增强

公共气象服务供给方式不断完善，城乡公共气象服务全覆盖和均等化水平不断提高。联合开展综合防灾减灾示范社区试点，通过部门合作和信息共享，优化城市暴雨内涝模型，研发暴雨内涝预警业务和信息共享系统，试点城市暴雨内涝预报预警，提高城市防灾减灾精细化气象服务水平。创新乡村振兴战略气象保障机制，将驻村工作纳入基层气象灾害防御体系，依托"三农"服务专项，提升气象服务"三农"保障水平和气象助力精准扶贫保障能力。不断完善国家-省-地-县四级气象灾害应急响应工作制度。推进国家级精细化气象预报服务产品加工制作能力，建立完善了公众气象服务业务指导与产品共享机制。建立事企共担的公共气象服务运行机制，打造中国气象频道、中国天气网、中国天气通等公众气象服务品牌，推动公众气象服务全媒体融合发展，扩大气象信息覆盖面，发展精细化、个性化定制、用户互动参与的公众气象服务。

（三）气象服务市场运行机制日益完善

发布《气象行业管理若干规定》《气象行政许可实施办法》，改进气象服务运行机制。推进决策气象服务标准化、制度化建设，开展重大活动气象服务保障ISO9000认证。制定了促进专业气象服务改革发展意见，促进了专业气象服务机制创新，培育了专业气象服务发展动能。开展气象信息服务企业的备案管理，完成气象服务企业备案管理子系统的建设及在全国的推广和应用，联合开展气象信息传播的监控和管理。创新气象服务供给产品与机制，举办气象服务创新大赛，加强气象服务频道改革，组织融媒体平台建设，促进了多媒体气象服务的融合发展。规范气象信息传播与服务，推动气象服务创新发展。

（四）社会组织参与公共气象服务的活力明显提升

成立了中国气象服务协会，发布《中国气象服务协会团体标准管理办法》，正式下发团体标准1项，12个项目列入团体标准制订项目清单。探索气象服务众创机制，建立"气象+"大学生创业基地，推进中国气象服务协会与中国保险学会在上海自贸区设立气象保险实验室，联合探索开展巨灾保险试点。编制印发《社会气象观测发展指导意见》。

四、加快构建世界先进的现代气象业务体系，气象业务提质增效目标不断实现

（一）以GRAPES数值预报、智能网格预报为代表的一大批气象核心技术取得突破

制定出台《GRAPES数值预报系统发展规划（2016—2020年）》，推进数值预报能力提升。完善了月-季-年预测一体化的海-陆-冰-气耦合的高分辨率气候预测模式。印发《智能网格预报行动计划（2018—2020年）》，部署国家、省、市、县"一张网"的智能网格预报业务。建立全国精细化服务数据一张网，探索开展智慧气象服务，推动决策服务、预警发布向集约化现代化发展。以基本气象资料和产品为核心，以多元化气象数据手段为载体，气象数据资源整合与开放共享不断加强。成立中国气象局全面推进气象现代化暨网络安全与信息化领导小组，推进气象信息化发展的顶层设计。

（二）以科技驱动和支撑为典型特征的现代气象业务发展体制机制不断完善

加快业务科技体制改革，出台改革文件及相关配套发展规划。深化科研院所改革，探索开展国家科研院所绩效评价试点。完善院所管理制度，进一步完善中国气象局重点实验室布局。扩大开放合作，成立由29所高校组成的局校合作联络工作组。统筹推进气象科技创新体系建设，编制《中国气象局科技创新发展规划（2019—2035年）》《加强气象科技创新工作行动计划（2018—2020年）》，部署新时代气象科技创新改革发展重点任务。气象科技成果转化应用制度不断健全，以科技创新和业务贡献为导向的科技分类评价体系初步建立。建立气象科技成果转化收益分配制度，发挥科技奖励激励引导作用。加强成果登记发布和知识产权保护，促进成果交流共享。支持中试基地试点单位建设，推进中国气象局国家科学技术奖提名，完善中国气象学会科技奖项评奖规则，规范中国气象局科技成果业务准入工作，加快推进气象科技成果业务转化应用。

（三）以统筹、集约为核心的高效业务运行机制初步建立

出台《综合气象观测业务改革方案》，研究制定《全国气象预报业务集约化发展指导意见》，推进天气气候主要业务向国家级和省级集约，加快建设市县级综合气象业务，明确各级的业务职责和任务清单。编制完成《现代气象预报业务质量检验评估体系建设方案》，重点推进预报检验对气象预报业务的全覆盖，完善国家-省统一的气象预报质量检验平台，推进预报检验评估业务信息化建设。编制完成《气象信息流程再造方案》，从总体流程、气象数据布局和观测采集、加工处理、应用服务、管理信息等方面再造气象信息流程，建立从观测端-信息端-应用端的高效集约信息流程。制定印发《研究型业务试点建设指导意见》。

（四）以开放协作、激励创新为主要内容的气象科技人才发展机制逐步形成

制定印发《中共中国气象局党组关于增强气象人才科技创新活力的若干意见》，深入推进气象职称制度改革和二级岗位管理改革，各省（自治区、直辖市）气象局和各直属单位出台配套措施近200项。继续实施西部优秀青年人才津贴制度，积极拓展青年人才培养，进一步健全气象培训体系。落实《教育部中国气象局关于加强气象人才培养工作的指导意见》，加强气象专业人才培养力度，积极支持高校气象类专业学科建设。

五、加快建立适应气象现代化的气象管理体系，气象依法履职能力明显提升

（一）协同推进"放管服"改革和气象行政审批制度改革

推进气象行政管理制度改革，以"清权制权"为重点，不断落实和完善权责清单制度，其他改革重点任务扎实推进。大幅取消和下放行政审批事项，全面清理气象行政审批中介服务事项，不断强化事中事后监管。建立了"双随机"抽查机制。推动气象行政许可标准化建设。中国气象局在国务院审改办行政许可标准化工作测评中荣获122.38分，在59个参评国务院部门排名第四。全面推行气象审批服务"马上办、网上办、就近办、一次办"和政务服务"一网、一门、一次"改革，5类8项行政许可审批事项网上审批全部正式上线运行，并加强与地方政府政务服务系统对接，全国办理行政审批事项办结"零超时"（表1）。与中央编办联合印发了《地方各级气象主管机构权力清单和责

任清单指导目录》,各省(自治区、直辖市)气象局均已完成权力清单和责任清单的编制工作。发文取消了气象证明等6类收费项目。

表1 全国气象行政许可审批事项表

事项类别	行政许可事项名称		决定机构
台站保护类	气象台站迁建审批	大气本底站、国家基准气候站、国家基本气象站迁建	国务院气象主管机构
		除大气本底站、国家基准气候站、国家基本气象站以外的气象台站迁建	所在地的省、自治区、直辖市气象主管机构
	新建、扩建、改建建设工程避免危害气象探测环境审批		省、自治区、直辖市气象主管机构
装备及设施类	气象专用技术装备(含人工影响天气作业设备)使用审批		中国气象局
防灾减灾类	防雷装置设计审核审批	防雷装置设计审核和竣工验收	县级以上地方气象主管机构
		雷电防护装置检测单位资质认定	申请单位法人登记或企业工商注册所在地的省、自治区、直辖市气象主管机构
涉外及资料类	外国组织和个人在华从事气象活动审批		国务院气象主管机构(涉及国家安全和国家秘密的,应分别征求国家安全、保密等部门意见)
施放气球类	升放无人驾驶自由气球、系留气球单位资质认定审批		设区的市级或者省、自治区、直辖市气象主管机构
	升放无人驾驶自由气球或者系留气球活动审批		县级以上气象主管机构

(二)全面完成国务院防雷减灾体制改革任务

取消了气象部门对防雷工程专业设计、施工单位资质许可,整合防雷装置设计审核和竣工验收许可。全面开放防雷装置检测市场。完善部际协调会议制度,建立11部委建设工程防雷联络员会议制度。认真落实党中央国务院和中纪委督办事项,认真调查防雷涉企收费情况,对个别省(市)执行国办发〔2016〕39号改革政策存在偏差情况进行调查,按照中纪委驻农业部纪检组要求核查有关防雷涉及收费案件。强化防雷减灾安全监管,完善全国防雷减灾综合管理服务平台,推进"互联网+监管",提升事中、事后监管水平。下发《雷电防护装置检测单位质量管理体系建设规范》等9项防雷安全监管标准,依法规范雷电防护装置检测资质审批,加强对资质单位及分支机构的监管。组织开展雷电防护装置检测市场整顿专项督查行动,严厉打击雷电防护装置检测领域各种违法违规行为，市场秩序明显好转。开展防雷技术服务调研和检查督导，全面摸清防雷减灾体制改革后防雷技术服务工作的基本现状。

（三）气象行政管理职能的机制逐步完善，实现由部门管理向社会管理转变

组织制定了负面清单，推动"非禁即入"在气象部门全面落实，7项措施被列入市场准入负面清单（2018年版）。建立完善气象部门涉企收费清单管理制度，清理规范气象部门证明事项，确保涉企收费有设定依据、执行标准和监督规范，推进落实国家"证照分离"改革。气象信息服务企业备案纳入全国首批统一"二十四证合一"改革涉企证照事项目录，全国29个省（自治区、直辖市）气象信息服务备案系统与工商行政审批系统完全对接，实现了信息自动推送、导入、转换，做到了"让信息多跑路、让群众少跑路"，让气象信息服务审批数据交换"全程无障碍"。加强升放气球安全管理，建立重大案件的通报机制（表2）。

表2　市场准入负面清单（2018年版）气象相关内容

项目号	禁止或许可事项	禁止或许可准入措施描述
一、禁止准入类		
1	法律、法规、国务院决定等明确设立且与市场准入相关的禁止性规定	56禁止非法定机构向社会发布公众气象预报、灾害性天气警报和预警信号
二、许可准入类		
101	未获得许可或为履行法定程序，不得从事特定气象、地震服务等相关业务	新建、扩建、改建建设工程避免危害气象探测环境审批 气象专用技术装备（含人工影响天气作业设备）使用审批 升放无人驾驶自由气球或系留气球活动审批；升放无人驾驶自由气球、系留气球单位资质认定
110	未获得许可或资质认定，不得从事限定领域内防雷装置的设计和施工，不得从事雷电防护装置检测工作	油库、气库、弹药库、化学品仓库、烟花爆竹、石化等易燃易爆建设工程和场所、雷电易发区内的矿区、旅游景点或者投入使用的建（构）筑物、设施等需要单独安装雷电防护装置的场所、雷电风险高且没有防雷标准规范，需要进行特殊论证的大型项目的防雷装置设计审核 防雷装置检测单位资质认定

（四）建立了新型气象管理体制机制，实现气象管理机构职责科学规范化

推进决策气象服务机构改革，建立相对独立、实体化运行的决策气象服务管理体制，健全责任明晰、界面清晰、运转高效的分工协调机制和业务流程。深化国家级气象服务单位改革，重点推进公共气象服务中心和华风气象传媒集团有限责任公司（简称"华风集团"）深化改革工作，明确公共气象服务中心的业务和管理职责和界面，完成公共气象服务中心与华风集团影视、多媒体业务的划转工作。

（五）主动适应国家相关改革政策，实现部门改革与国家改革协同共进

稳步推进事业单位相关改革，形成省及省以下气象事业单位分类意见并报送中央编办。有序推进事业单位绩效工资改革、养老保险参保登记等相关工作。完善气象科研项目资金管理和会计核算制度，贯彻落实《国务院关于优化科研管理提升科研绩效若干措施的通知》，对全时全职承担任务的团队负责人以及引进的高端人才，实行一项一策、清单式管理和年薪制，推动建立符合政府会计制度要求且符合部门实际的会计核算规则。推进县级气象部门公务员职务与职级并行制度和职称制度改革，修订职称评审条件、改进评审方式，促进职称评价与人才培养使用有机结合。建立气象部门军民融合发展机制，构建军民通用气象标准体系框架，推动建立气象领域军民通用标准体系和标准化军民融合长效机制。创新"一带一路"国际服务机制，编制《风云气象卫星国际用户防灾减灾应急保障机制》，扎实推进气象卫星服务"一带中路"沿线国家体制机制建设。

（六）构建依法发展气象事业的制度体系，保障气象事业的规范、有序、持续发展

"十三五"期间，气象部门认真贯彻落实立法规划和全国人大要求，推动《中华人民共和国气象法》的修订。全国气象部门开展《中华人民共和国气象法》立法后评估，全面系统推进各项法律、法规贯彻执行情况评估。基本完成《涉外气象探测和资料管理办法》《施放气球管理办法》《雷电防护装置检测资质管理办法》等部门规章修订，积极推进《防雷减灾管理办法》《防雷装置设计审核和竣工验收规定》的修订。出台多部地方性法规和地方政府规章。强化气象依法行政，不断完善气象法律顾问和公职律师制度，制定印发《气象部门公职律师管理办法》，规范和发展气象部门公职律师工作。推进省级气象部门公职律师试点，以充分发挥律师事务所法律顾问作用，为气象涉法涉诉事务提供专业法律服务。加强气象行政执法制度建设，制定气象行政执法监督办法、气象行政处罚自由裁量权规定和裁量权基准和重大气象行政执法案件通报制度（试行）。修订气象行政执法文书制作与范例，开展全国气象部门案卷评查。印发《"十三五"气象标准体系框架及重点气象标准项目计划》，确定了

212项重点标准项目，积极推进气象标准化工作改革，联合国家标准委员会修订《气象标准化管理规定》，重点修订强制性标准、团体标准、军民融合等标准。开展气象标准和业务规范清理。强化重点领域标准项目储备。

五年来，改革创新的成功实践为继续全面深化气象改革提供了重要经验。**一是坚持党对全面深化改革的集中统一领导，强化党组（党委）负总责的前提下推进实施各项改革任务。** 改革发展取得的每一次重大成就、每一次重大进步，都与党的坚强领导密不可分。把党对气象工作的领导贯穿气象改革各方面和全过程，把深化气象改革置于党和国家全面深化改革的大局之中，以把方向、谋大局、定政策、促改革的领导力，统筹谋划气象改革发展。**二是坚持以人民为中心谋划推进改革，更好地适应全面建成小康社会的实际需求。** 践行以人民为中心的发展思想，全心全意为人民服务，把更好地满足人民群众美好生活的气象需求作为推进气象改革发展的价值取向和本质要求。增强人民群众的获得感、幸福感、安全感。**三是坚持融入国家开放发展新布局、融入国家重大发展战略，强化部门改革与国家改革协同一致。** 对标构建人类命运共同体、服务保障国家重大战略的要求和部署，找差距、补短板、强弱项，推进全球观测、全球预报、全球服务、全球创新、全球治理，以坚定者、奋进者、创新者的姿态，服务党和国家事业全局。**四是坚持改革的系统性、整体性、协同性，出台制定改革配套法律法规、政策制度。** 改革越深入，越要注意协同，既抓改革方案协同，也抓改革落实协同，更抓改革效果协同，促进各项改革举措在政策取向上相互配合、在实施过程中相互促进、在改革成效上相得益彰，朝着全面深化气象改革总目标聚焦发力。

五年来气象改革发展成就充分证明，党中央、国务院对气象工作的领导是完全正确的，中国气象局党组推动服务体制改革、业务技术体制改革、管理体制改革的各项决策部署是有力有效的。五年来的实践证明，改革是气象事业发展的强大动力，改革是实现气象现代化的重要法宝，改革是决定气象前途命运的关键抉择。

国有气象企业混合所有制改革路径探索

潘 晨

（华风气象传媒集团有限责任公司，北京 100081）

混合所有制改革是近年来国有企业建立现代企业制度的重要手段和突破点，作为关系国计民生的国有气象企业更应顺应时代的发展与号召，积极投入其中。本文在阐述混合所有制改革重要性的基础之上，分析指出国有企业混合所有制改革的几个关键问题，并以H集团为例对气象企业的混合所有制改革的路径进行了初步探索。推动国有气象企业的混合所有制改革，将有利于国有气象企业适应不断变化的市场经济、增强企业活力、在逆境中更加可持续健康发展。

国有企业的良好发展，不仅在关系国家安全和国民经济命脉的主要行业和关键领域占据支配地位，是国民经济的重要支柱，也在我们党执政和我国社会主义国家政权的经济基础中起支柱作用。习近平总书记曾多次强调国有企业"两个支柱"和"两个基础"的重要地位和作用。随着2015年《中共中央、国务院关于深化国有企业改革的指导意见》以及《国务院关于国有企业发展混合所有制经济的意见》分别以党中央、国务院文件形式的正式印发，标志着深化国有企业改革、特别是国有企业混合所有制改革的号角庄严鸣响。顶层设计文件完成后配套文件相继出台，近年来，"1＋N"系列文件相继紧密推出，直至2019年4月再次以国务院文件形式公开发布《改革国有资本授权经营体制方案》，标志着新时期全面深化国有企业改革的指导思想进一步清晰，中央对国资国企改革进程提出了更高要求，在更注重顶层设计的同时更锁定改革的落实，大胆推进混改、股权激励、市场化招聘与市场化薪酬等政策措施，更好更深入地进行国资国企改革。

气象企业是气象事业与市场经济的有力结合，由于气象事业是经济建设、国防建设、社会发展和人民生活的基础性公益事业，这使得在市场经济条件下的气象企业在具有商业性的同时也兼具公益性，从这一特点来看，进行混合所有制改革是国有气象企业投身于国企改革浪潮的一个重要尝试。

一、开展混合所有制改革的重要性

混合所有制是指各种不同所有制经济按照一定的原则实行联合生产或经营的所有制形式。开展混合所有制改革在丰富国有企业监督主体、促进国有资本的市场流动等方面具有重要意义。国有企业的监督主体单一是其弊端之一，混合所有制改革在引进不同资本的同时，其资本所有者也自然成为企业的监督主体，使得国有企业监督主体由单一化实现向多元化转变。与之相适应的，企业内部管理结构也会随着国有资本与非国有资本的明确细化，以及各方权利义务的明确而变得更加完善。混合所有制改革使得国有资本与非国有资本之间相互合作，促进了国有资本的市场流动。不同于传统国有企业，改革后的国有企业在进入市场之后可以通过股权甚至证券的形式实现增值保值，有效提高国有资本利用率。

二、国有企业混合所有制改革的关键问题

党的十八届三中全会强调"国有企业是推进国家现代化、保障人民共同利益的重要力量"。国有企业改革的最终目标在于提高社会生产力、实现国有资产的保值增值。总结目前国有企业混合所有制改革实践的经验教训来看，主要存在以下几个关键问题。

（一）引进适合的投资者

国有资本、集体资本、非公有资本等交叉持股、相互融合有利于国有资本放大功能、保值增值、提高竞争力，有利于各种所有制资本取长补短、相互促进、共同发展。目前国有企业混合所有制改革主要通过股份制改革重组、调整股权结构、合作成立新公司、并购或参股私有或外资企业、上市募股、员工持股等形式向社会募集大量资金以减少企业资金压力、实现规模化发展。在这一过程中，企业对投资者的选择和对混合方式的选择显得尤为重要。需要认识到的是，投资者带给企业的不仅仅是资金，更重要的是资源、智慧和活力。引进适合的投资者将在企业资质、业务体系、质量管理、人才队伍、区域拓展与客户开发等各个方面都为企业的发展聚集资源、奠定基础。

（二）科学规划股权结构

伴随政企分开和政资分开的改革深入，我国国有企业产权所有者已清晰明确，但股权主体单一的缺陷始终存在，一股独大的问题不可忽视。在选择了合适的投资者与混合方式之后，控制好企业内部各资本来源的股权之间的平衡，从而实现股权结构的相互制衡是关键。国有企业混合所有制改革股权结构应形成股权相对集中的若干大股东，以避免一股独大的局面产生。当面对公司重大决策和议案时，只有若干大股东形成相对一致的意见才可通过，以此实现大股东之间的相互制衡。

（三）推进向现代企业管理制度转变

有效划分党委会、董事会、监事会、管理层的主体权责边界，合理分配职权是国有企业混合所有制改革成功的需要。以习近平总书记强调的"国有企业党组织发挥领导核心和政治核心作用，归结到一点，就是把方向、管大局、保落实"以及"在决策程序上，要明确党组织研究讨论是董事会、经理层决策重大问题的前置程序。重大经营管理事项必须经党组织研究讨论后，再由董事会或经理层作出决定"为中心，目前大多数国有企业陆续通过党建内嵌公司章程完成了党委会前置程序的制度化安排。但存在的问题是，由于在党委会、董事会、监事会以及经理层之间的权责划分并不明确，不少国有企业出现了前置泛化、权责紊乱、责任模糊等问题；或是将董事会、经理层所有决策、决定事项，无论问题大小全部预先经过党委会研究讨论；或是在履行前置程序时把握不住研讨议题的切入点，要么"眉毛胡须一把抓"、要么"走走过场"大致履行一下程序；再或是党委研究讨论议题后所作决定完全或部分正确与否的责任划分不明确，难以"问责"。这些都将阻碍企业的经营发展。国有企业改革中应明确的是党委会前置程序的职权是把方向、管大局、保落实，企业的具体经营应符合现代企业管理制度，董事会、监事会和经理层要积极发挥在企业中的作用。

（四）构建有效的经理层激励和制约体制

改革措施取得实质性成功的必要条件之一是决策者的正确判断和指引。大量的民间资本随着混合所有制改革流入国有企业之中，实现股权多元化的同时也使得企业运营过程更加繁杂，这种情况下处于公司治理实践核心地位的经理层的地位和作用就显得尤为重要。经理层在公司经营与发展的各个环节都发挥关键性作用，为其构建有效的激励和制约体制是让公司充满活力与生机的关键一环。利用科学的评价体系在有限范围内选择最有能力的管理者，引入市场化的管理者考核监督机制激发其在追求自身利益同时，提高企业经营效率为公司和股东创造财富。

（五）组建人才队伍

选拔人才、人岗匹配，提供让人才充分发挥出能力与水平的机会和舞台，是企业制度、政策、项目等能够成功落地的必要条件。国有企业改革应该要建立一套有效的吸引人才、选拔人才和留住人才的管理机制，在从社会吸收引进人才的同时，也可以从自身选拔出优秀的人才从事企业内项目，实现人才的合理利用，组建一支自己的人才队伍，形成后备人才梯队。

三、国有气象企业混合所有制改革路径探索——以H集团为例

气象产品的性质决定了气象企业的发展特点是公益性与商业性共存。气象产品高度的行业融合性使气象企业能够与众多行业的企业之间相互合作发展。这种特征使得气象企业在发展的过程中，除了可以选择自身改革、做大做强，更加适合选择混合所有制改革，吸收引进各类资本。

在此我们以H集团为例探索气象企业混合所有制改革的路径。H集团是国有气象服务企业、中国气象事业的重要组成部分，公共气象服务的重要载体和平台，承担着国家级气象影视、手机、网络等公众气象服务和基于气象数字媒体、气象广播影视等手段的公众气象服务国家级业务建设和一体化的资源运营；同时，也承担着面向市场的专业气象服务，参与面向重点行业的公益性专业气象服务和国际气象服务市场拓展，它的混合所有制改革路径主要包括以下主要步骤。

（一）寻找能与自身资源优势互补、满足双方需求的合作企业

H集团的优势主要在于气象信息资源的专业性和权威性，信息覆盖面广泛、对社会影响力大，市场信誉良好；其相对劣势是在客户需求的把握与沟通、激励机制等方面的不足，这使得H集团在适应市场快速变化的需求上存在滞后。与之相对应，H集团选择的"混合"对象应该拥有敏锐的市场观察力与反应力、项目资金充足或技术优势明显，所处行业与气象服务有所关联、或看好气象服务产业的发展前景，但或缺少专业的气象服务数据或信息覆盖面不足或对社会影响力不够等。彼此在都具有开展混合所有制改革的动机与愿望前提下进行"混合"，以实现优势互补、提高市场竞争力、互利共赢的目的。

（二）与"混合"企业之间协商达成协议，明确"混合"后股权结构

考虑到混合所有制改革的重点之一就是国有资本与非国有资本之间股权的分配问题。如果国有资本继续维持绝对控股的地位，非国有资本就会失去在经营管理上的话语权，使其在"混合"企业中处于劣势地位，导致非国有资本"混合"的意愿降低，不愿意参与"混合"；如果非国有资本在"混合"企业中处于主导地位，则有可能会造成国有资产的流失，国有资本出于政治原因等考量也不愿意参与"混合"。综合考虑两方原因，鉴于气象企业的特点，H集团选择以某一部分商业性资源出资成立新的公司实现"混合"，在股权分配上既考虑到出资比例，又兼顾了以各自代表的优势资源入股，保证双方能够达成经济效益的最优化。

（三）在公司经营控制权分配上，有效划分党委会、董事会、监事会、管理层的主体权责边界

首先明确党委会前置程序的职权是把方向、管大局、保落实，重点判断"三重一大"的议题是否符合、落实党和国家现行的路线方针政策，是否符合、服务企业发展大局。在这一基础之上，对董事会、监事会和管理层的权责划分遵循"切实落实和维护董事会依法行使重大决策、选人用人、薪酬分配等权力，保障经理层经营自主权，加快形成有效制衡的法人治理结构"的原则。

（四）选择有效的激励约束机制激发经理层的创新创业精神

（1）推行职业经理人制度，以任期制和契约化管理为基础，建立市场化的选聘、激励、约束、流动退出机制和配套的培养、评价、绩效管理体系，实现职业经理人的能上能下、能进能出。特别要从职业经营者中大力培养和充分发挥企业家作用，将其视为重要资源盘活。同时，全面推行劳动合同管理，完善和落实市场化的劳动用工制度。

对高级管理人员履责，以一套量表建立工作责任指南。董事会与经理层每年签订经营业绩考核责任书，优化考核指标，突出发展瓶颈、经营短板，紧密结合中长期发展、企业改革、创新驱动。实现考核指标与经营短板、社会责任、发展成果与职工共享挂钩；考核结果与薪酬分配挂钩、与聘任解聘挂钩，对连续两年未完成经营业绩考核要求的高级管理人员予以调整。

（2）推行激励与约束相统一，薪酬与风险、责任相一致的业绩考核与薪酬管理机制。对于管理层人员的薪酬考核，分为年期和任期两部分，探索长期股权激励机制，按经营性净利润增幅的一定比例给予管理层一定股权，实现利

润共享。

（3）制定鼓励混合所有制企业活力发挥相关创新机制。如设计离岗创新或兼职创新的有关政策，鼓励部分事业单位的优秀人才在国有企业的相关领域创新创业，实现人才合理利用和流转，给人才发挥和施展才华的空间，尊重人才、留住人才。制定合理的KPI指标和激励措施，制定基层人才晋升考核标准，充分调动基层人才工作积极性。

四、展望

目前有大量国有企业投入到混合所有制改革的浪潮里，在这其中成功的案例也有很多，如中国建材、中集集团和民生银行等。本文在此仅以H集团为例对国有气象企业的混合所有制改革的路径进行了初步探索，实际操作过程中应重点关注投资者引进、股权分配、权责划分以及有效激励等几个方面，以混合所有制改革的手段作为突破点，建立现代企业制度，促进国有气象企业适应不断变化的市场经济、推动国有气象企业的可持续健康发展。

参考文献

郭伟，2019. 从混改十大主题案例解读国企改革成功路径［J］. 纵横评说（04）：38-47.
胡谷华，李家俊，任宇，等，2018. 基于产权-治权-红权配套协同的国有企业混合所有制改革路径探索［C］. 中国企业改革发展优秀成果2018（第二届）上卷.
李秉祥，2018. 国企混合所有制改革关键问题探讨［J］. 会计之友（06）：2-7.
李志铭，2019. 强化国企决策党委会前置程序制度化安排［J］. 国企·党建（8）：20-21.
张大立，2019. 新时期我国国有企业混合所有制改革路径探索［J］. 财经界（11）：75.
郑志刚，2015. 混合所有制改革应向美国学习［N］. 中国经营报，2015-04-27（E05）.

变"管"为"服"，打造良好营商环境，促进防雷产业发展

张庭炎

（深圳远征技术有限公司，深圳 518049）

2016年6—7月，国务院和中国气象局先后印发了《关于优化建设工程防雷许可的决定（国发〔2016〕39号）》和《关于贯彻落实国务院关于优化建设工程防雷许可决定精神的通知（气发〔2016〕48号）》，中国防雷安全产业启动了全面升级模式。

我国防雷产业改革的初衷是期望通过结构性改革、进行防雷产业链的机制创新，消除不利于社会发展的各种制度束缚和桎梏，提高对社会的全面服务，培育出新兴产业，一方面满足安全产业的发展，另一方面是将粗放型速度型经济向集约效益型经济的转变，提高中国制造的水平，走出国门，实现中华民族伟大的复兴梦，实现国际化经济。

总结几年来的防雷产业改革实践，以下几个方面将是产业升级的重点。

一、"放"的胸怀实施"放"的手段，以促进产业进步作为改革初衷

安全产业是未来最大的产业之一，防雷产业是安全产业重要组成部分。物联网和信息技术的进步，尤其是信息化网络和技术的应用，防雷行业出现了巨大的商业机会。

防雷产业归属为技术服务行业，社会对物（电力电子设备和网络）、对人的安全需求越来越大，应用技术需要寻找更多的新机会、拓展新的市场空间、挖掘新的市场需要，尤其是培养人们的需求习惯。

气象主管部门为我国防雷服务和市场培育做了巨大的奠基性的工作。根

据新的经济形势需要，坚决落实党和国家的安全观，调整行业和市场的管理职能，就必须首先有"放下权利"的决心、有"放低门槛"的胸怀、有"放心容错"的勇气，为创新者提供和培育参与市场竞争的机会和舞台，一方面保障国民经济降低安全成本，另一方面让民族企业在本土有应用环境、提高走出国门的能力。

二、"管"和"服"的辩证关系

防雷行业的"管"是什么？应该是建立全社会的防雷安全意识，营造防雷技术的创新环境，监管市场良性发展，帮助企业采用成本最低、效果最好的技术手段减少雷电灾害。

"管"也其实是对防雷产业的"服务"，只是心态不同、采用的方法不同而已。方法就是让竞争的优胜劣汰的市场法则来替代行政审批，让经济规律来激发市场主体的活力，让倒逼机制和事后问责模式来让市场选择。

防雷行业有显著的市场特点，就是必须实时性、即时性。

互联网技术已经实现了移动互联、数据共享、实时监管的一体化政企服务，全面推广这种创新技术和管理模式技术"从管到服"最好的创新实践。

三、研究产业特点，全面推进产业结构中各环节问题

防雷产业产业链由市场需求方、技术提供方、政府监管方三方面组成。

各方的定位科学，形成良好的生态圈，根据各方的分工来服务于市场，在各自领域充分发挥好作用，相互促进，相互补充，尤其是发挥市场在资源配置中的决定性作用。

市场是什么？市场是需求。防雷行业的市场需求就是防雷的技术服务，就是让人和物不受、少受雷击灾害。

市场的两大主体就是用户方（服务的需求方，也包括政府的监管服务）和技术的提供方。为市场主体提供的产品和服务应该有实时性、经济性、科学性三大属性，背离这三大属性的产品和服务就会被市场淘汰。

理清了产业特点，让市场发挥自然分工和调节作用，这就是目前推行的"放管服"改革的本质。

"放"是前提，过去主管部门把权抓得太紧，因为"权"设置的不合理，将服务和管理倒置，导致了以检测为目的"管"增加了企业的负担，提高了创

新技术的推广和应用成本。现在必须从"放"开始。

"管"转变为"服"是措施。提供技术服务、规范服务规则、防止假冒伪劣、建设倒逼问责制度，就是"管"也是"服"。

四、学习和借鉴先进经验，建立明确目标

我国的信息制度改革是成功的。气象行业改革需要学习和借鉴。邮电改革起源于20世纪80年代，当时国家全面改革开放、全民尤其是政府认识到"经济要腾飞、信息要先行"，因此，各级政府将建设信息高速公路作为重要任务，出现了政府投资修建邮电大楼的盛况，各省地县出现了"电话号码升级升位"的竞赛。

邮电改革对老邮电人也是痛苦的，"高额的初装费、中继线租费"取消了，多家竞争让邮电工厂等企业倒闭分流，一些地州邮电主管部门由于认不清形势，寄希望延缓和阻碍改革而上了"焦点访谈"，成为改革坏典型。

但改革更多的是给国家和人民带来了效益：发展了经济，增强了国力，改变了生活。因此，有了世界经济舞台让人注目的"华为中兴"，有了让我们每个人无法离开的"中国电信、移动、联通、广电"及其建设的信息平台，也有了给我们提供快捷生活的"BAT"，也为国家创造了年产值超过百万亿的信息化产业。

气象管理机制的改革，以为人类创造安全的生存环境为初衷，气象人和整个社会一道努力，相信我们将会快速地建设起另一巨大产业。

五、当前产业升级的几个抓手

（1）机制和组织改革。国务院及中国气象局出台了若干文件和规定，其最主要的就是全面市场化，取消相关资质，让原气象行业的设计、工程、检测同社会其他公司一起去参与竞争，这是全面改革的首发站。

认识到"保护资质就是保护落后"，就需要营造全面启动气象服务产业的软环境。"小政府、大市场"是真正产业升级的重要标志，按照国务院2016年国发〔2016〕39号文件要求，气象主管部门完全把雷电服务和检测业务脱离出来，并依照市场需求给企业提供真正需要的服务（如防雷效果服务而非检测服务）。

《气象法》在立法层面将雷电预警等管理职能赋予了各级气象部门，不

能因为改革而缺位，这是机制改革必须重视的。否则，可能由于管理的缺位给国家带来巨大的政治、经济、军事损失。气象部门依据国务院授权行使管理职能，主导各行业主管部门协调配合，这才会有统一的集中的管理效果。为了解决组织和制度的协调问题，各省地需要成立省（市）防雷减灾管理部门，监管和指导各行业主管部门的防雷也可专门成立安全服务机构，专责危化场所等重要场所的减灾服务。

这些产业升级的顶层设计必将培育出来面对客户的防雷服务公司、防雷技术和产品制造公司，最终形成巨大的气象服务产业。

气象服务产业正处于初始发展阶段，建立了良好的营商环境，企业、人才、项目、资金等生产要素就会聚集，我们就有可能形成国际竞争力，实现重大创新和核心技术的应用能力和市场，这也是国家战略的一部分。

（2）建立创新技术的激励机制、事后问责机制。鼓励推广用先进的技术手段对关键场所、重要场所（如危化场所、人口密集场所）进行雷电预警、预测和预防服务。诸如由政府建立重要场所、重要部门、重要区域的监管系统，把政府管理职能用现代科学技术完成，从技术层面消除人为的差异性、减少监管误差。

（3）鼓励基于远程监控、移动互联、数据共享的服务网络，实现政企管理一体化。现代技术的应用将为管理提供更便捷的服务，建设省（市）防雷减灾防雷监管网，就能方便地将各行业主管部门的防雷数据（行业防雷监管中心）、各重要危化场所数据接入，这是技术发展的必然。

（4）安全生态环境的建设。市场化没有良好的生态环境，完全的自由竞争市场需要依法、依规管理，诸如知识产权的保护、行业自律的建立、先进技术的导向都属于政府气象管理的职能。这些都是企业最急迫的需求。

2018年防雷行业发展及趋势分析

徐春明

（广东省深圳市科锐技术有限公司，深圳 518049）

一、防雷行业现状

（一）防雷行业市场分析

1. 防雷行业总体规模

据《中国第二届防雷行业发展与创新高峰论坛》专家报告数据显示，2010—2015年我国防雷市场容量从237.33亿元上升至375.54亿元，年均复合增长率为10%（图1）。

结合2016—2018年对各行业固定资产投资和防雷产品占行业固定资产投资比例的预测，预计2016—2018年防雷市场规模分别为365.86亿元、383.83亿元和407.65亿元。

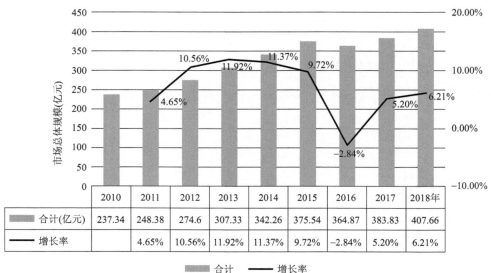

	2010	2011	2012	2013	2014	2015	2016	2017	2018年
合计(亿元)	237.34	248.38	274.6	307.33	342.26	375.54	364.87	383.83	407.66
增长率		4.65%	10.56%	11.92%	11.37%	9.72%	-2.84%	5.20%	6.21%

图1 防雷产业市场总体规模

2. 防雷行业市场结构

如今，可以说只要是有电的地方都需要安装防雷器，防雷器现已应用到个行业当中，包括电力行业、通信行业、石油化工、建筑行业等领域。防雷器的应用有效地保障了这些行业的用电、通信等线路的安全，确保设备的正常进行。

防雷产品的应用领域非常广泛，并且与我们的生活息息相关，随着电子信息产业快速发展，防雷器的市场需求将会越来越大。

通信、建筑、电力、轨道交通和石油石化5个行业市场份额接近90%。

通信防雷市场规模最大，占比达26.88%，建筑行业为24.43%，两者合计超过整个防雷市场的一半以上。

轨道交通和石油石化行业的占比分别为9.69%、8.95%。

除此之外航天军工、信息化、民航等其他领域也有对防雷产品的需求，目前合计市场占比大约为10.74%（图2）。

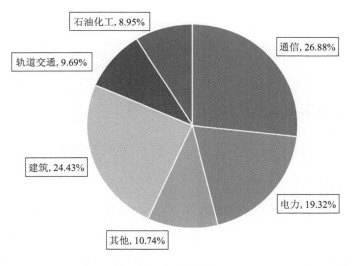

图2　防雷服务行业占比

（1）电力行业

电力行业是国民经济的重要基础产业，为其他产业的发展提供动力和保障，是国家经济发展战略中的重点和先行产业，其对防雷产品的需求主要为输电铁塔用接地产品和避雷针、变电站用接地产品和电源防雷器、配电设备的电源防雷器、输电线及送配电站的雷电故障监测装置系统。根据历年来的需求数据显示，防雷器的需求量呈逐年上升的趋势。

随着全球变暖和能源短缺日趋严峻，新能源在各国能源战略中的地位不断提高，我国也不断加大光伏、风能、核电等新能源发电的投资力度。新能源行业对防雷产品的需求主要来自于两方面：一是风机、光伏阵列汇流箱和逆变器等配套用电源防雷器，传感器用信号防雷器；二是发电场所用接地产品。新能源的发展给我国雷电防护企业带来了新的市场空间。

固定资产投资仍将维持10%以上增速，预计每年可催生超过100亿元防雷产品需求。估计2016、2017、2018年电力行业防雷市场的规模分别为123.55亿元、138.10亿元、152.42亿元（图3）。

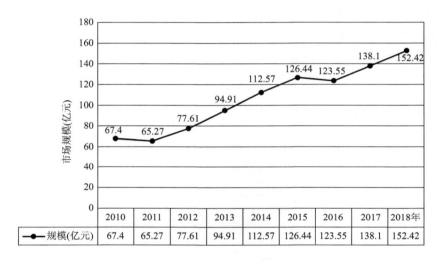

	2010	2011	2012	2013	2014	2015	2016	2017	2018年
规模(亿元)	67.4	65.27	77.61	94.91	112.57	126.44	123.55	138.1	152.42

图3 电力行业（包括新能源）防雷市场规模

（2）通信行业

通信行业担负着每秒钟数以亿万计的信息传递和沟通任务，是当今信息社会最重要的基础产业之一。通信服务的稳定性与可靠性依赖于遍布全国各地的通信基站和交换设备等通信设施，一旦这些设施损坏，就会造成通信中断，导致难以估量的损失。因此，无论是新建还是原有通信设施的改造都必须伴随雷电防护系统的建设。通信行业对防雷产品的需求主要是设备供电系统的电源SPD、信号接收天线的天馈SPD，传输设备的信号SPD以及移动基站铁塔顶部的避雷针和底部接地产品。随着5G时代的到来，新增的通信设施将为防雷领域带来更多的市场机会。

在通信设施建设中，防雷设备投资占比约为2%。2016、2017、2018年通信业防雷市场的规模分别为75.64亿元、74.36亿元、78.08亿元。其中SPD、避雷针、接地产品在通信行业雷电防护市场中的应用比例分别为50%，28%，22%，按此估计，到2018年通信领域的SPD、避雷针、接地产品的市场规模分别为39.04亿元、21.86亿元和17.18亿元（图4）。

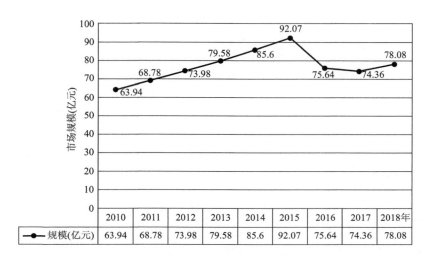

	2010	2011	2012	2013	2014	2015	2016	2017	2018年
规模(亿元)	63.94	68.78	73.98	79.58	85.6	92.07	75.64	74.36	78.08

图4 通信行业防雷市场规模

（3）石油化工

石油化工行业包括石油及天然气的采掘、加工、储运、炼化等。由于石油化工行业具有高危高爆的特点，在接地保护、直击雷防护、DCS系统浪涌保护等方面要求非常高。石油化工行业对防雷产品的需求主要是输油管道、输气管道和炼化设备用接地产品；高大炼化生产设备用避雷针；炼化设备用电源防雷器；设备信号端口用信号防雷器；石油化工运输车辆防雷装置。目前石化行业电涌保护器产品的年市场需求并不大，但其增长速度非常惊人。石油化工（易燃易爆）防雷市场规模将继续保持着稳定增长，预测2016、2017、2018年石油化工（易燃易爆）行业防雷市场的规模分别为46.76亿元、48.9亿元、51.08亿元（图5）。

（4）建筑行业

建筑行业是雷电防护最早应用的领域，也是最主要的雷电防护行业下游市场之一。建筑行业对防雷产品的需求主要是配电房（箱）用电源防雷器，楼顶用避雷针，接地产品，以及楼宇监控设备、有线电视用信号防雷器。

中国已经是世界上最大的建筑市场，随着房屋建筑对智能化和安防要求的不断提高，其为防雷产品提供了广阔的市场空间。但是由于居民的整体雷电防

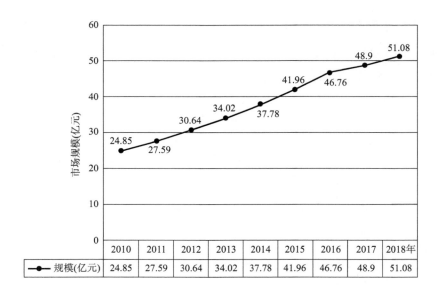

图5　石油化工行业防雷市场规模

护意识不强，我国建筑行业对专业防雷产品的需求较弱，市场分散，价格竞争激烈。但未来随着电子信息技术的发展，在物联网、三网融合等网络一体化趋势和智能楼宇带动下，防雷产品的需求将会越来越大。

建筑行业防雷市场规模将继续保持着稳定地增长，预测2016、2017、2018年建筑行业防雷市场的规模分别为83.87亿元、86.25亿元、88.69亿元（图6）。

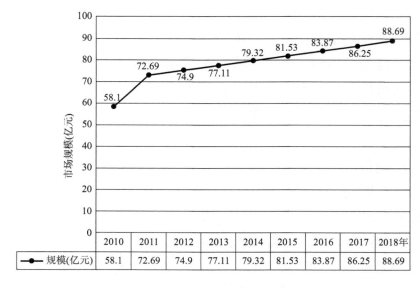

图6　建筑行业防雷市场规模

（5）铁路和轨道交通行业

铁路和轨道交通增量基础设施的不断投入为防雷产品带来新的增量需求，加之存量基础设施重防雷产品的更新需求，我们预计未来三年防雷产品占铁路和轨道交通固定资产投资的比例将由0.29%提升至0.32%。电气化铁路牵引网综合防雷接地系统改造工程主要涉及项目为：车站信息化防雷改造项目、5T系统防雷及接地、钢轨接地、保护线（回流线）接地、等电位连接等（图7）。

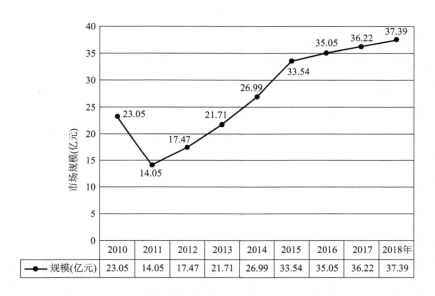

	2010	2011	2012	2013	2014	2015	2016	2017	2018年
规模(亿元)	23.05	14.05	17.47	21.71	26.99	33.54	35.05	36.22	37.39

图7　铁路和轨道交通行业防雷市场规模

2016—2018年国内铁路和轨道交通防雷产品的市场规模为35.05亿元、36.22亿元、37.39亿元（图7）。

（6）其他行业

除了前面提到的通信、电力、石油化工和建筑等主要应用行业外，防雷产品的下游还包括轨道交通、航天国防、信息化、民航等领域，这些领域的市场容量相对较小，但却是非常重要的应用市场，而且未来市场增长前景广阔。

随着军事设备电子化程度的不断提高，国防对雷电防护重视程度也不断提升，军事通信、指挥控制、卫星导航等方面均具有明确的雷电防护需求。除军费投入加大外，电子设备国产化的趋势也越来越明显，作为设备配套的国内雷电防护企业也因此将在该行业有更多的市场份额。

物联网行业对雷电防护有很强的要求，大量的传感器、监控设备和核心传输设备都必须安装信号防雷器和电源防雷器进行防雷。物联网中的各个电子设备和线路环环相扣，如果某一个传感器或监控设备受雷击而损害，会影响网络中其他用户的使用，如果某一个核心传输设备受损，一整片网络都可能瘫痪，给用户带来沉重损失。随着我国互联网发展迅速，防雷器市场需求也将随之增大。

随着全球变暖和能源短缺日趋严峻，新能源在各国能源战略中的地位不断提高，我国也不断加大光伏、风能、核电等新能源发电的投资力度。新能源行业对防雷产品的需求主要来自于两方面：一是风机、光伏阵列汇流箱和逆变器等配套用电源防雷器，传感器用信号防雷器；二是发电场所用接地产品。新能源的发展给我国雷电防护企业带来了新的市场空间。新能源发电设备精密度高，雷电造成的潜在损失巨大，新能源投资对雷电防护的专业性要求高，十分重视产品性能。随着我国新能源行业雷电防护标准逐步制定完善和设备国产化率的提升，防雷产品在市场的份额越来越大，充分展现了产品技术优势。

（二）防雷市场管理现状

随着国发〔2016〕39号文件的深入贯彻，防雷市场将进一步放开事前管理，加强事中、事后管理。

由于放开事前管理，很多防雷项目将不会单列拿出来进行招标，而是包含在其他工程项目或者电气项目中进行招标，这对防雷企业的业务冲击很大。一些没有经过考核、培训，并不专业的工程企业进入防雷市场，加之并不专业的检测单位，形成防雷项目的安全隐患。

气象部门负责易燃易爆、大型公共设施等场所的管理，但这些行业以什么样的资质去运作目前没有明确，各地采用的管理方法也不一样。

对于防雷产品而言，由于防雷是个偶发事件，且防雷产品没有强制性的论证，没有产品备案，造成目前防雷产品市场产品合格率低，有些行业的防雷产品合格率低于50%。这种状况造成价格的恶性竞争，利润降低造成整个行业创新力的下降。

对于如何加强事中与事后的管理，各地气象部门都在积极努力中。

1. **防雷企业现状**

2017年，是防雷企业比较艰难的一年，主要体现在以下几个方面：1）防雷资质的取消，使得防雷工程企业原有的门槛一下子取消，对企业取得订单影响较大；2）防雷产品由于国发〔2014〕50号文件（以下简称"50号文"）取消防雷产品使用备案核准，防雷产品认证不再实行强制检测和使用备案核准，使得防雷产品市场价格竞争异常激烈；3）防雷检测的放开，使得检测价格急速下滑，同时由于取证简单，使得整个产业平均利润进一步下降，很多企业处于无利可图的状态。

2. 防雷行业的发展目标

防雷能够独立形成一个市场是最近十多年的事情，由于有了气象部门的资质管理、检测管理，才逐渐形成了一个相对独立的行业。

未来，防雷行业的发展应该向何处去？这是整个防雷从业者必须思考的问题，也是市场管理者必须回答的问题。明确了防雷行业的发展方向，才能制定一系列的发展策略，也才会有相应配套的监管政策。

形成一个产业需要一些基本条件，包括市场、人才、资本、技术，产业如同企业一样，也有生命周期。产业元素的变化，也会影响产业的生命周期。防雷可以做成渗透到各个行业的一个大安全产业，也可以做成一个防雷技术置身于其他行业之中。核心在于我们采取什么样的机制及管理，能够吸引资金及人才进入这个行业，让这个行业蓬勃发展。

中国气象局担负着引领防雷行业发展和监管的重大使命，建议中国气象局进行"大防雷 大安全"的战略思考，在《中华人民共和国气象法》的引领下，大力发展防雷这个新兴产业，认真孵化好这个新兴行业。

3. 防雷行业发展需要解决几大问题

要实现大防雷、大安全的目标，结合目前的实际情况，需要解决四个方面的核心问题。

（1）做好防雷产业发展和监管的顶层设计

防雷行业要健康发展，必须做好顶层设计。顶层设计要保证整个防雷行业产业链条上的各个环节要有足够的利润进行创新和发展，否则产业难以发展，难以形成良性循环，难以吸引资金、难以吸引到人才。

（2）构建防雷的安全责任体系

防雷由原来的气象局一家监管变成了现在的多家多行业监管，各个行业之间的监管标准及安全责任如何协同？气象主管部门分管的易燃易爆等防雷部分如何建立安全责任体系？

（3）防雷安全标准化体系建设

从设计到产品、施工、检测、服务这些环节的安全标准、质量如何控制？需要一套标准化的防雷安全体系，这样全国可以复制，降低管理成本，提高管理效率。

（4）构建防雷安全的社会共治体系

防雷行业涉及行业广泛，客户需求个性化，各个行业的安全标准、技术标准难以统一，能否充分发挥行业协会及企业的作用，形成一套社会共治体系，对防雷行业的发展至关重要。

二、防雷行业"放管服"政策的应用

（一）防雷产品企业"放管服"政策的应用

电涌保护器市场主要服务领域有电力二次系统防雷、铁路通信及5T系统防雷、移动及电信通信设施防雷、石化控制系统防雷、矿山监控系统防雷、军队通信台站建设等，这些应用领域均对产品质量有较高要求，因此不同领域的市场准入、质量管理方式各异。

我国有约50%的雷电防护产品由广东省有关企业生产制造，而深圳是广东区域最集中最大规模的生产基地。防雷产品企业的特点主要体现为：专业生产销售防雷产品和代理销售防雷产品两种模式。除此之外，还有市场和网络上的一部分零散产品经销商。

1. 改革前后的外部市场环境

防雷产品备案登记制度曾经是防雷行业的重要管理手段，作为一项市场准入制度，该项管理的初衷是为规范防雷产品，加强防雷工程的质量。但随着防雷行业的发展，已经难以适应市场的需要，尤其是防雷这种高科技的技术领域，气象防雷自始至终都属于一种事前预测技术，其复杂的流程和审批程序，影响了防雷的新技术发展和创新，不利于我国防雷的继续进步。在"放管服"推进的大背景之下，2014年11月24日，根据国务院的《国务院关于取消和调整一批行政审批项目等事项的决定》，即"国发〔2014〕50号"文件，这一防雷产品备案登记制度已经成为历史，只需进行相应的防雷检测，不再有复杂的防雷产品登记流程，使防雷管理进一步简化，加快了防雷技术的突破和创新，使防雷行业更好地面向市场。但这也促使更多的非正规的产品制造商、经销商对市面出售残次品的防雷器，或是对二次产品（使用过的拆机料）进行低价出售。"放管服"不应该只是放而不管，应该是简政放权，加强管理。

对于市场现状，这是一项非常严重的问题，防雷企业产品同质化严重，以价格作为唯一市场竞争手段，伪劣产品在市场上泛滥，在一定程度上影响了行业的整体前进步伐；主要体现于手工作坊式生产出来的产品和自动化生产出来的产品在品质方面的纰漏不透明。

市场技术门槛低，竞争激烈，国外品牌的冲击大。由于各个行业不同的质量备案制度带来一些弊端："型式试验+后续的年度监督测试"，型式试验和监督测试均只验证样品与标准要求的符合性，缺少对企业实际生产能力、持续的质量保障能力，以及相应的人员和设备条件的持续符合性保障；备案制的样品测试采取申请人送样方式，而非在企业的生产线末端随机抽取的产品，较难反映企业实际销售产品的质量状况；防雷产品的国家/行业标准滞后于IEC标准，对国外的技术壁垒作用十分有限，各应用领域管理、标准、收费方式各有异同，存在行业或地区壁垒，对内技术促进作用不足；备案制采取的管理模式有别于国际通行的产品市场准入管理方式，不利于国内企业在生产管理水平和质量保障能力方面与国际接轨，不利于促进国内产品出口。

2. 改革前后企业内部经营状况

改革前在政府部门备案的产品总体来说有一定的保障，可保证企业内部正常运行；改革后外部市场变化较大，因价格原因而影响到企业的正常运行，国内伪劣产品和国外品牌产品的双重冲击，使企业更加困难。

3. "放管服"执行情况

目前国内专家学者们对于"放管服"的方向研究，其主要研究重点在于简政放权、打造服务型政府以及权力清单制度，主要研究内容如下。

我国简政放权的改革，经历了长时间的历程，对此有着较为详细的分析。纵观我国历次所进行的政府机构改革，其一切核心的根本，就是政府逐步向市场、企业和社会转移职能和权力。简政放权就是理顺几个关系：第一是政府和市场的关系，第二是政府与社会的关系，第三是中央和地方各级政府关系，第四是政府部门间的关系。行政审批改革的质量是最核心的，要转变"管理就是审批"的概念。

"放管服"改革的目标，就是打造一个服务型政府。习近平总书记于十九大报告中提出，要建设人民满意的服务型政府。中国人民大学张康之教授作为早期提出服务型政府的发起人之一，他认为近代社会以前属于"统治型政府"，近代社会是"管理型政府"，而从20世纪80年代开始，按照新公共管理理论的指导，提出非管理化的政府，应该称为"服务型政府"。管制型政府要转向一个服务型政府，才能激发市场的活力。不应把构建服务型政府理解为一项工作，而应成为中国政府发展方向定位，也是政府建设"新常态"。早在十八届三中全会上，首次提出权力清单制度，其作为全面梳理部门公共权力，受人民群众监督的制度，推出后引发了学界广泛的研究。建立权力清单制度，可以通过对权力边界的界定，解决好政府与市场、政府不同层级以及政府部门之间权力配置问题。公开权力清单是建立阳光政府的重要步骤，能够让公众知道政府的权力边界。推行权力清单制度，就是实现阳光政府的重要一步。权力清单制度至少能发挥三个积极作用，一是维护人民的民主权利，二是加强群众监督，三是强化政府内部监督。因此，打造一个服务型政府是当下我国政府的改革方向，而实现这一目标的基础，就不能与传统政府相提并论，通过权力清单制度，清晰权力的边界在哪里，以及权力合理分配，减少对市场的干预，才是一个合理的服务型政府。

"放管服"的执行情况，现阶段还在市场放开状态，形成了市场的混乱，但管与服应该同时进行，而不是放而不管，应该加强服务和通过社区组织进行管理。

（二）防雷工程企业"放管服"政策的应用

1. "放管服"前防雷行业的管理及其问题

（1）产品备案登记

防雷产品是防雷工程的重要组成部分，防雷产品备案登记作为一项严格要求，是针对于防雷产品设立的管理标准，只有在施工地区进行防雷产品备案登记后，经测试中心出具防雷产品检测报告，视为合格有效的防雷产品，才可在当地销售防雷产品，否则当地气象局管理部门进行防雷工程进行检验之时，可能造成工程最终结果的不予通过。该目的是对防雷产品质量的严格要求，其属性、参数以及安全性符合国家法律规范，从而保证防雷设施的安全性和有效性。

这项管理制度也经历了数次变化最终确定。最初时，只要是防雷产品直接就能使用，需要出产厂家提供产品宣传资料、数据参数即可。随后需要生产厂家根据防雷产品的使用，提供自己的实验室测试数据或者测试报告，其参数要符合国家或行业标准。最后形成了严格要求的"防雷产品备案登记"制度，即防雷产品涉及工程的使用中，需要到工程管辖地所属气象局进行备案，并备案时需要提供国家认可的第三方测试报告，该报告要在权威的防雷产品检测中心出具，此过程视为有效防雷产品备案登记。

（2）雷击风险评估

雷击风险评估，在防雷行业中俗称"雷评"，是业内一种评价方法。其目的是根据工程项目地点的雷电情况，通过对其活动情况和分布特征进行分析，预估一个可能造成的人员伤亡以及财产损失的计算结果，从而对工程选址、地点布局，防雷类别等级以及制定应急方案等提出指导性意见。雷电是一自然现象，其危害后果非常严重，雷击风险评估则通过各类分析和预测，提供了一个科学系统的预防方法，保证了防雷工程的安全可靠，实现了防患未然的初衷，既是防雷的必经程序，也是防雷实现科学管理的必要条件。

雷击风险评估在其具体表现上，大体以项目预评估、方案评估和现状评估三种方式存在。项目预评估是根据项目的初步规划，对实施对象的地点、数据和布局各类情况进行分析，结合当地雷电灾害风险情况，以及现场调查情况，对该项目科学防雷提供依据。方案评估是将项目设计方案进行分析和计算，验证该项目是否符合国家雷电灾害风险管理的要求，并提出方案的雷电防护建议和面对事故的应急方案。现状评估则是对评估区域和对象的雷电防护措施进行勘察计算，分析是否能将雷电灾害控制在国家的要求范围内，根据最后的评估结果提出更为科学和安全的整改建议。

（3）防雷工程专业资质

防雷工程专业资质简称"防雷资质"，曾经是防雷行业的必备证书，所有参与到防雷行业的市场主体必须具备的核心。该资质来源于中国气象局公布的《防雷工程专业资质管理办法》，分为设计和施工两类资质，按等级分为甲、乙、丙三级，申请该防雷资质的单位或企业，可向注册所在地的市级气象管理机构提出申请，按照参与主体水平高低，可分别申请不同等级资质。在防雷行业市场的发展初期，为规范良好的防雷市场，维护社会公众的生命财产安全，让当时的竞争环境有了管理标准，对于防雷行业的发展立下过汗马功劳，因该资质所打造的秩序，使得防雷行业各主体普遍认同和遵守。

自从2005年出台防雷工程专业资质后，防雷市场环境得以规范化，也使我国防雷行业获得良好的发展。但是，伴随着防雷行业不断发展的同时，"防雷资质"所带来的问题和矛盾也日益凸显，引发了行业内的普遍争议和讨论。如同我国众多的资质证书一样，防雷工程专业资质是从事防雷设计和施工主体必须具备的，是一项基本的市场准入制度，该资质证书的级别高低，体现了拥有主体的资金、人员、业绩等综合实力水平。受此影响，大多数公司、单位对于防雷资质的要求和目标都是奔着甲级水平，就算面临自身实力不足，也会从内部人员、业绩想办法，通过蒙混过关取得资质。更有甚者，通过采取"挂靠"的办法解决自身需要，即一些小公司依靠拥有甲级资质的大型企业，以其公司名义进行市场经济活动，将所得利润进行分配。这一系列活动打击了那些以合法方式取得乙级和丙级资质的主体，引发了被损害利益主体的严重不满，扰乱了正常的防雷市场竞争环境。而且，最为重要的一点，招标甲方为了保障工程的质量，往往也设立较高的要求，不切合实际需要都以甲级资质为门槛，这样更加剧了这种市场秩序的混乱，似乎只有甲级资质水平才能在行业存活，造成业内普遍追求甲级的防雷工程专业资质，形成了一系列的恶性循环。

（4）传统管理方式存在的弊端

防雷行业走向改革转型之路，面临工程资质放开、行政干预减少的情况，这并非一朝一夕所造成的变化。究其根本还是行业自身长期存在着诸多问题，随着国家形势和市场环境的变化，当原先的管理模式成为阻碍发展的根源，必将导致防雷行业走向"放管服"改革。

（5）管理效率低下

防雷行业作为一个应用行业，并且是承担着公共安全的减灾行业，其本身需要严格的管理。雷电灾害风险评估是一项对防雷行业审核的重要环节，是根据雷电的活动分布以及预估灾害可能带来的后果，进行实地考察分析情况，对人员伤亡、财产损失以及危害范围进行综合风险的计算。而防雷产品备案登记则是工程验收的必须条件，在绝大部分省区的防雷管理部门进行验收工作时，"防雷产品检测报告"是登记备案所具有的要求。防雷行业作为承担公共安全的应用行业，其本身的责任是不言而喻的，该核心就是防雷减灾、防患未然，严格把关进行管理原意也是好的。但过多的要求，以及层层的审查、各样的报备，对于市场本身的参与活力影响很大，导致许多企业面对这些环节望而却步，最终不得不放弃或者通过其他途径解决这些问题，与设立这些制度的初衷相违背，变相成为一种权力滥用的体现。

（6）资质管理阻碍参与

我国的市场经济环境是实行"改革开放"之后所打造出来的，而为了规范市场行为、维护市场秩序、促进经济结构，则需要一个良好的制度进行管理，这就是市场准入制度。市场准入制度为我国的市场经济发展起到了积极的作用，但是任何事物都具有他的双面性，该制度也不例外。随着我国的市场经济进一步发展，市场准入制度与现实的不适应方面也暴露出来，每个制度都需要不断更新、修补，为了市场经济环境的需要，以及与国际规则接轨相结合，我国的市场准入制度也需要完善和改良。

资质管理的实质就是市场准入制度，并且是关键的一项。作为劳务、货物以及资本进入市场程度的许可，它也为企业和个人设定了基本的标准，而通过制定这个标准，对于进行管理的政治机构或部门，或者其他如行业协会、学会这些组织机构而言，资质管理是一种非常行之有效的办法，因为这种管理模式本质就是市场监管的手段，目标就是减少市场运行带来的风险。这样通过资质的方法，来进行市场监管有很多积极的作用。首先，它稳定了市场环境的安全，如以防雷行业为例，按照不同的企业主体划分，根据其本身的从业经验、人员结构、市场地位、公司形象和技术水平进行区别，可以提供更好的筛选结果，降低市场运行带来的风险，特别是防雷行业，其本身是一个高风险的行业，面对的是未知的自然灾害。其次，资质本身促进行业走向市场化，我国的资质种类多样、范围广泛，每类的资质大多是根据实际经济活动的需要，通过授权许可的方式正式生成，而后作为市场监管的手段在行业内进行推广，如防雷行业的防雷工程专业资质，本身就是为规范市场行为和防雷工程施工行为而设立，通过该资质诞生了大量从事防雷工作的企业，也带动了整个防雷行业的发展。再次，资质保护了市场主体的合法权益。如防雷行业中，参与主体有防雷设计单位、防雷施工企业、提供中介服务的机构以及需要进行防雷工程安装的单位、企业和个人，参与各方都是为了保障自身的利益，而防雷工程资质是一个很好的检验平台，通过资质的手段建立的秩序符合所有人的利益，各方之间对该行业秩序的尊重，从而保证市场经济下防雷行业的稳定和发展。

虽然资质管理的初衷是好的，也的确起到了一些积极作用，但这种依靠于行政干预的市场监管手段毕竟有局限性，也存在着不少问题。例如，分包、转包和挂靠这些行为。分包是指承包人将承包范围内的部分工程，交由第三方完成的行为，合法的分包不为法律所禁止，虽然是法律允许的行为，但时常出现企业或个人利用自身具备的资质许可，进行市场行为，取得项目之后，私自交由未取得资质证书的单位或个人，对于市场秩序有很大的影响。转包比分包更为恶劣，分包仅仅是将一部分的项目工程，交由第三方去实施建设，且在合同约定内为法律所允许。而转包则是绝对违反法律相关规定的，不管是将全部的项目工程交由第三方，还是将该项目分散切割，逐个以分包形式承包给其他单位，都属于分包，只是形式上的不同，没有什么本质上的区别，都不为法律所允许。转包极易导致投机行为出现，经过多次利益辗转，最后的施工单位很可能采取偷工减料的方式，施工后留下严重的安全隐患。在资质使用中，最出名的问题非"挂靠"莫属。挂靠属于法律所明令禁止的行为，挂靠来源于改革开放初期，当时我国由计划经济逐步过渡到市场经济模式中，那个特殊时期下私人企业刚开始成长，面临着许多困难和障碍，不得不借助于当时实力雄厚的国营单位或集体企业，久而久之就形成了这类问题。这是一种普遍存在于各行业市场的行为，挂靠顾名思义，指的是一方没有资质许可的企业或个人，通过借用拥有资质许可的市场主体，从而实现承包、施工项目工程的行为。例如防雷行业中，防雷工程资质分甲、乙、丙三级，经常出现企业本身只有乙、丙资质，或者根本没有工程资质，通过各种手段以其他单位甲级资质的身份开展市场，很多地方甚至出现了明码标价的挂靠费，把资质的借用当成一种固定的收入，资质挂靠造成的秩序混乱屡见不鲜。除此之外，在许多企业的资质证书管理中，不仅要求企业达到某种规模，还要具备拥有相关技术职业资格的专业技术人员，能够达到一定的数量规模。例如防雷工程资质甲级的标准，需要相应数量拥有《防雷工程资格证书》的技术人员，防雷专业高级职称人员3名以上，防雷专业中级职称人员6名以上，这种专业技术人员数量的要求，对许多企业是一大考验。因此，很多企业为了满足相关的申请条件取得资质，往往会雇佣一些符合资质要求的技术人员在公司，仅仅是挂名而已，不存在实际的工作安排。而一些相应的中介机构，更是专门为企业量身打造提供类似服务，明码标价从中收取费用，使得防雷行业市场的秩序受到冲击，也违背了防雷工程资质管理要求的本意。

我国从计划经济时代走到今天，资质证书作为维护市场秩序的一种手段，曾长期成为各应用行业的管理核心，也是各市场主体进行交流的一个安全平台，对市场经济的发展有过积极作用，稳定市场运行的安全、促进行业的市场化、保护了各主体的利益。随着国家的发展、经济环境的变化，出现的情况也不容忽视，任何制度都需要不断改良和完善，要客观评价资质的优势，也要正视现在资质管理带来的问题。

（7）国发〔2016〕39号文件

国发〔2016〕39号文件，全称为《国务院关于优化建设工程防雷许可的决定》，是国务院于2016年6月24日公开发布的文件，是根据简政放权、放管结合、优化服务的改革要求提出，主要是为防雷行业进行减负，避免行业的重复许可和监管，缓解从事防雷主体的压力，对政府部门之间的责任进行重新划分和落实，从重点在事前审批，转换为加强事后监管。该文件的发布，是我国防雷行业走向新时期的标志，主要内容体现在三方面。

首先，对防雷工程许可进行了重新调整，涉及建筑物防雷工程设计，以及防雷竣工验收的审查。这一系列的防雷工作安排，原先是都由气象部门防雷中心负责，现在统一改为住房城乡建设部门执行监管。而各专业如公路、铁路、水路、民航、水利和电力等，涉及需要防雷的情况，将由各专业部门自行负责管理。但个别例外如油库、弹药库、存放化学品和烟花爆竹、石化类、矿区以及旅游景点，这些需要单独进行防雷安装的地点，以及特殊需要进行大型论证的项目，仍将继续由气象部门管理。经过这次的大幅度调整，缩短了行业内工程的时间和流程，有效提高防雷工程实施效率。

其次，是对原有资质的改革，防雷工程专业资质因其重要性，在行业内长期存在很高的地位，也受到行业内防雷企业的普遍认可。但资质证书衍生的问题不容忽视，其中的人为因素更是引发了改革的呼声，国发〔2016〕39号文件，最重要的一部分，就是取消防雷工程专业资质，涉及防雷设计、施工的项目，只需取得公路、水路、铁路、民航、水利、电力等相应行业工程设计和施工的单位来承担即可。同时，防雷检测市场进行全面放开，各企事业单位可申请防雷检测资质，鼓励社会组织和个人进入防雷检测市场，参与到相关的防雷技术服务中。通过对防雷检测行为的重新规范，以及通过降低防雷检测市场的准入制度，为防雷市场引入新鲜活力，促进行业更健康的发展。

最后，国发〔2016〕39号文件特地明确了职责，涉及防雷工作管理的各部门，必须采取有效的措施，切实履行防雷工程项目监管的职责，实行"谁审批、谁负责、谁监管"的原则，并在各级政府落实防御雷电灾害的责任。同时，气象部门对于防雷工作要积极加强管理，雷电灾害监测、提前预报预警、防雷科普宣传以及划分灾害易发区域，雷电灾害涉及公众安全，要及时向社会公布最新信息。通过强化防雷监管和明确主体责任，有助于部门间加强沟通和相互配合，研究解决防御雷电灾害工作中存在的问题。

国发〔2016〕39号文件出台，是国务院稳步推进防雷行业改革的指导，也体现我国扭转防雷行业存在问题的决心。文件自2016年公布以来，相关业内主体几乎家喻户晓，各类连锁反应接踵而来，尤其是防雷工程专业资质退出历史舞台，对于防雷行业震动很大。时至今日，文件问世已有将近两年时间，各部门也经历了重新调整和规划，虽然初期造成行业内的一些混乱，现在还存在一些小问题。但是，政策的出发点和目标是毋庸置疑的，这一次防雷行业的彻底"革命"，必将为防雷市场带来新的活力。

（8）防雷行业的"简政放权"

"简政放权"是精简政府管理部门手中权力，并把企业经营管理权下放到企业中，作为"放管服"改革的第一步，管理部门要拿出"壮士断腕"的决心来执行。改革也好，革命也好，首要问题是明确目标。目前防雷行业"放管服"改革实施效果中，"简政放权"正积极执行和推进，原先的管理制度和资质证书都被取消和削弱。防雷产品备案登记制度因烦琐的流程，以及缓慢的推行速度，长期被业内所诟病，所以该制度优先被取消，减轻防雷企业的负担。防雷工程专业资质曾经"叱咤风云"，该资质证书包含施工和设计两部分，如果都取得最高的甲级水平，就被业内称为"双甲"资质，拥有该资质的企业在防雷行业基本可以进行任何经济活动，所以受到行业内的热烈追捧，也引发了一系列问题。本次的"放管服"中，国发〔2016〕39号文件其中一项特地明确，取消防雷工程专业资质，消除管理部门设置的市场准入壁垒，让市场进行公平竞争，打破个别垄断增加活力。

雷电风险评估曾经作为一项行政审批，可以证明防雷工程的有效性，在行业内有很大的决定权。本次改革也被取消其行政地位，虽然得以继续保留，但是只是科学技术参考，而防雷检测工作从气象部门检测中心管辖，也正式开放形成市场，"让利于民"提供企业机会。这一系列大刀阔斧的整顿，基本扫清了以往存在于防雷行业的突出问题，"放管服"改革中的"放"是目前防雷行业执行最彻底的。

2. "放管服"后防雷行业的管理现状

（1）产品备案登记制度现行规定

防雷产品备案登记制度曾经是防雷行业的重要管理手段，作为一项市场准入制度，该项管理的初衷是为规范防雷产品，加强防雷工程的质量。但随着防雷行业的发展，已经难以适应市场的需要，尤其是防雷这种高科技的技术领域，气象防雷自始至终都属于一种事前预测技术，其复杂的流程和审批程序，影响了防雷的新技术发展和创新，不利于我国防雷的继续进步。在"放管服"推进的大背景之下，2014年11月24日，根据国务院的《国务院关于取消和调整一批行政审批项目等事项的决定》，即"国发〔2014〕50号"文件，这一防雷产品备案登记制度已经成为历史，只需进行相应的防雷检测，不再有复杂的防雷产品登记流程，对于防雷管理进一步简化，加快防雷技术的突破和创新，使防雷行业更好地面向市场。

（2）雷击风险评估管理现行规定

防雷工程事关社会公众安全，通常按照国家管理规定严格执行，虽然工程要求符合规定，但难免在具体的操作中有所疏忽，特别是面对雷击风险的应急管理方法，都存在一些不足之处。雷电作为一种自然现象，没有绝对百分之百防护的安全手段，而雷击风险评估作为一种评价方法，通过工程的综合风险计算，可以对防雷设计提供有效的科学依据，形成完整的预防雷电的方案，以及紧急情况下的救援措施，最大程度地降低雷击风险灾害。现今，受"放管服"改革大趋势的影响，为防雷行业的健康发展需要，雷击风险评估已经不再是行政审批的必备要求，单单以技术服务存在，本着自愿接受的原则，去除一些不相关的干预，单纯发挥其应有的科学价值作用。

表1　防雷法案前后对比

项目名称	审批部门	设定依据	处理决定	处理依据	行业现状
防雷产品备案登记制度	各级气象主管机构	《中华人民共和国气象法》《防雷减灾管理办法》	取消	国发〔2014〕50号文件	只需防雷工程检测效果即可
雷击风险评估	各级气象主管机构	《中华人民共和国气象法》	取消审批	气办发〔2015〕22号文件	单纯保留技术服务，不再作为行政审批
防雷工程专业资质	设区的市级气象主管机构	《中华人民共和国气象法》《防雷工程专业资质管理办法》	取消	国发〔2016〕39号文件	防雷资质取消没有市场准入要求
防雷装置检测资质	各级气象主管机构	《中华人民共和国气象法》《雷电防护装置检测资质管理办法》	设立	中国气象局第31号令	取消政府管理开放防雷检测市场

（3）防雷工程专业资质要求现行规定

防雷行业初期的快速发展，很大程度得益于防雷工程专业资质，这一资质的存在，规范了行业准入的要求，使得市场主体进入防雷市场有了良好的秩序，避免了行业内的混乱，可以说为我国防雷行业的发展立下过汗马功劳。但因防雷工程专业资质引发的系列矛盾，引起了国家的高度重视，行业内要求改革的呼声日益高涨。在国家"放管服"大环境之下，以往大量的资质和行政许可被取消或下放，防雷工程专业资质也随之走下神坛，成为我国防雷行业发展的一个历史印迹，行政上的放权，降低市场准入制度，不再依靠资质作为审核的硬性要求。取而代之的是，在公平市场竞争条件下，各企业凭借自身综合实力参与，原有的管理部门将重点由事前的审核，转为事后的监管，将属于市场的部分还给市场，构建一个更自由的防雷市场环境。

（三）防雷检测企业"放管服"政策的应用

随着2016年国务院颁发《关于优化建设工程防雷许可的决定》〔2016〕国发39号文件提出："降低防雷装置检测单位准入门槛，全面开放防雷装置检测市场，允许企事业单位申请防雷检测资质，鼓励社会组织和个人参与防雷技术服务"，新兴防雷检测企业如雨后春笋纷纷加入防雷检测市场。防雷检测单位从过去的一家独大到随着国务院办公厅下发的一系列清理规范国务院部门行政审批中介服务和中国气象局《雷电防护装置检测资质管理办法》（中国气象局令第31号）颁布，自2016年10月1日起正式实施，标志着防雷检测市场的大门向社会真正放开，气象部门的防雷检测收入从2015年以前的直线上升，变为2016年的小幅度下挫，到2017—2018年的大幅度下滑。

三、防雷行业发展趋势分析

（一）面对的挑战

1. 行业参与良莠不齐

防雷行业作为雷电灾害防御为主的领域，面对的是随时出现的自然灾害，防患于未然是该行业的一贯要求。2000年《气象法》的出台，更是让雷电灾害成为一个不容忽视的问题，各地对防雷安全的高标准、严要求，使得防雷行业进入快速发展的时期。2005年1月28日中国气象局发布《防雷工程专业资质管理办法》，对于当时的防雷市场无疑打开一扇门，建立了一套规范秩序的市场准入制度，给予很多想要从事防雷减灾工作的企业一个平台，随之发展和壮大了整个的防雷市场。但是，防雷工程专业资质作为防雷业内的市场准入制度，既为防雷发展立下过汗马功劳，又为行业带来许多人为可操作因素，既是为市场初期的混乱提供秩序保障，却又因资质数量和等级的不同造成了诸多不公平之处，致使至今在"放管服"大背景下，根据各部门、各行业日益高涨的改变呼声，依据国发〔2016〕39号文件的要求，我国的防雷市场进一步放开，防雷工程专业资质被取消，以资质管理的时代彻底成为历史，开始了我国防雷的新篇章。

可是，不容忽视的安全问题随之出现。虽然防雷工程专业资质存在的人为因素，带来许多行业负面的影响，长期被防雷从业人员所诟病，但其本身的价值也是毋庸置疑的。防雷工程专业资质作为一项市场准入制度，也是一项行政许可制度，保证了防雷在质量方面的安全，使具备规定条件的防雷企业方可进行市场生产经营活动。现今这种防雷行政许可已然不复存在，在市场环境完全打开的状态下，必将产生众多新的防雷企业，规模大小、水平高低、业绩能力各方面都有着很大的不同。没有了类似行政许可程度的约束，这种程度上的差异能不能继续保证防雷的安全和可靠。防雷行业这样具有高风险性的领域，安全永远是第一位的，如果连基本的雷电安全都做不到，再开放的市场和再庞大的企业对防雷而言都毫无用处。

雷电灾害作为自然现象，时常会出现在我们生活之中，作为一个靠"雷"吃饭的行业，除非有一天雷电现象彻底消失不见，否则必须按照现有技术进行防御雷电灾害，防雷行业仍有持续发展的前景。早在2015年我国的防雷市场就已经达到375.54亿元，2018年预计市场规模会达到407.65亿元。在国发〔2016〕39号文件之前，我国涉及防雷行业的企业共有1800多家。而经过这次大改革，必将带来许多新兴防雷企业。"百家争鸣，百花齐放"的市场也许充满活力，但这些企业是否有足够的实力，像防雷这种高危行业能否承受这些竞争行为，都需要政府进行持续的关注，保证"放管服"改革顺利实现目标。

2. 防雷工作质量下降

2016年6月24日出台的国发〔2016〕39号的文件，标志我国防雷行业开始一个新的时代。"放管服"改革很多地方都是借鉴国内外经验，如国内企业的商业管理办法，以及西方欧美国家市场经济下的管理体制，核心都是以市场和公众要求为主，减少政府本身的行政干预。改革的初衷和目的毋庸置疑，但是有些问题不能简单"拿来主义"。

在有些人精神面貌和道德标准均不达标的情况下，产品质量的信誉受到沉重打击，食品、奶粉、疫苗和服装等行业都曾出现负面新闻，尤其是食品行业，近年来国家虽然加大力度整顿，尚不能保证让民众百分之百放心。现今对防雷行业进行的改革，如何保证防雷行业能独善其身，不会与其他那些行业出现一样结果，这对防雷行业本身就是一大考验。防雷行业跟随"放管服"改革的要求，将会从政府部门的行政管理过渡到市场。过去在防雷行业中，长期存在社会民间实力普遍不如官方的情况，如何保证产品、工程质量的合格，是一个值得研究的问题。反观原先产品备案登记、雷击风险评估和防雷工程专业资质都减弱或取消，虽然这些措施都存在不同程度的问题，但是最起码还可以保证一个安全的防御雷电工作质量，维护社会公众生命财产安全，如何做到放权后质量继续保持不变，是下一步推进改革的重点。

3. 责任划分带来冲突

自国发〔2016〕39号文件出台之后，为我国的防雷行业带来了许多革新，其中重要的一条就是打破原先行业壁垒，将防雷工程项目进行重新调整。即原先涉及房屋建筑和市政设施类的防雷工程安装、验收，都是由气象部门负责，现在改革后统一由住房城乡建设部门监管，而水路、公路、铁路、民航、水利、电力和通信等行业有关防雷的问题，均由各行业部门自行负责，一些特殊场所如油库、石油石化、烟花爆竹、化学品和弹药库，以及需要论证的项目仍由气象部门继续负责。同时，配合国发〔2016〕39号文件要求，中国气象局随后发布31号令，开放防雷检测市场，设立防雷装置检测资质，由气象主管机构负责。经过这一系列的调整，打破了原先的防雷行业管理格局，冲破了过去固有的行业壁垒，从而使我国的防雷行业翻过崭新的一页。

"放管服"改革要求打破以往行业壁垒，重新调整各管理部门手中权力，打造一个公平竞争、井然有序的市场环境。此次我国气象机构作为过去防雷行业的主管部门，经过这一轮调整，极大地削弱了原先的管辖范围，减少了手中的行政管理职权，将防雷行业从一个部门严管变成多个部门协作，并逐步走向一个市场化的防雷行业。通过这样的改革手段，避免了防雷行业的垄断性，但是这种各部门协作下带来的问题，同样值得行业深入思考研究。防雷行业之所以存在，是因为本身所要面对的高度危险性，防雷企业获得的利益，都是与可能的雷击风险挂钩。原先行业内虽然是由气象部门"一家独大"，但整体责任和义务以及维修保障，也是由气象部门负责到底，发生任何事情由其承担无可厚非。正是在这种压力之下，使我国的防雷工作总体平稳。而今经历改革之后，涉及各行业的防雷工作，都是由本行业自行管理，建筑物的防雷是行业工程最多的，以往一直是重点对象，现在是住建部统一管辖，气象部门更多的是负责防雷检测。这样的协调格局之下，防雷工程专业资质已经不复存在，如果工程质量坚若磐石，尚且不会发生任何纠纷，一旦防雷工作出现任何问题，究竟是行业管理部门施工质量不到位，后期管理不合格？还是气象部门的防雷检测工作疏忽大意，风险把握不够尽责？特别是本次改革后，气象部门本身还保留有几处特殊场所继续负责，例如弹药库、石油石化、烟花爆竹、化学品、油库等，失去了防雷工程专业资质这道准入门槛，对气象部门的管理是一大难题。

"放管服"改革对防雷行业重拳出击绝非偶然，过去存在于业内的各类人为因素，严重影响了防雷行业的健康发展。可是，毕竟原先管理部门有丰富的防范经验，从安装施工到检测验收，这种流水线式的工作方法，起到了防患于未然的作用。雷电风险长时间存在，假如灾害发生后果严重，届时问责肯定引发争议，甚至是各方争相"踢皮球"，那么对于改革而言完全失去本意，因此防雷作为危险性行业，一个合理有序地管理方法，是下一步需要行业整体思考的事情。

4. 各部门的利益追求

防雷行业相比较国家整体发展而言，其地位并不十分突出，甚至长时间被人忽略，很大一部分原因是防雷利益相对较少。20世纪80年代处于经济发展时期，国人普遍追求吃饱穿暖，如何提高生产力和改善人民生活质量才是政府工作重点。反观防雷这种追求的是"防患未然"的行业，既不能带来利益又消耗时间，总是抱着侥幸心理能免则免，致使1989年黄岛油库事件爆发，酿成惨痛的悲剧。这次事件成为防雷行业的一个分水岭，让有关部门意识到雷电灾害并不遥远，我国的防雷行业得以逐步建立、发展，最终形成了一套完整的市场，这一系列努力都要归功于气象管理部门。正是各地气象机构不懈努力，引进先进防御雷电技术和经验，大大改善了我国防雷水平，使雷电防御行业走向成熟。而这一过程中，也出现了不少问题，最终导致在这次"放管服"改革大背景下，对防雷行业进行了一次彻底的"革命"。如今防雷工作由过去气象部门一家主导，变为各部门协调进行，防雷成为各行业自我管理的部分工作，而更深层次的原因，就是早先并未重视防雷的各部门，意识到成熟的防雷市场能够带来的利益，以及防雷工作不可或缺的重要，一改过去冷漠的态度，表现出了对于防雷行业浓厚的兴趣。在这样的利益追求基础之上，还能不能把我国的防雷事业继续做大、做强，需要进行时刻关注和深入研究。

防雷属于高危类型的行业，防范的对象是雷电灾害，就我国现阶段发展水平，过度的竞争行为对防雷不一定是好事，而"放管服"改革不可能彻底解决自利性的问题，还需要更多配套的行业政策，以及加强事中事后监管。

（二）面对的机遇

1. 打破管理部门垄断

防雷行业起初为大众所忽视，经过一系列的灾害事故，以及人员伤亡、财产损失的出现，使防雷逐渐走进公众视野，引起政府的重视并开始发展。

随着各部门涉及防雷工作的矛盾日益尖锐和凸显，使国家重拳出击开始整治。本次改革根据不同行业、不同地点和不同设施，分别将防雷归属于相应管理部门，可根据本行业具有的特点自行安排防雷工作，气象部门只是留有传统高危险部分，如石油石化、武器库、烟花爆竹、化学品等。这样多部门协同防雷工作的体制，防雷行业不再只是气象部门一家说了算，走向多元化的市场将拥有更多竞争机会，同时避免了权力高度集中情况下的矛盾，使我国的防雷工作翻开崭新的一页。

2. 市场重新充满活力

防雷市场的发展依靠气象管理部门，以及配套的行业市场准入制度，这对于防雷行业的建立帮助很大。但不容忽视的问题就是权力与利益结合，防雷市场曾经长时期是一些国企，都是与管理部门相关联的企业，甚至法人、董事一类的领导成员，往往也有相应的行政编制，即所谓行业俗称的"既当裁判员、又当运动员"。这体现出我国传统行政管理的特色，更多的是计划经济时代的缩影。类似这些模式的企业，可以轻而易举在市场内获得更多的利润和份额。这种实力和背景让其他私人企业"望尘莫及"，其市场竞争结果大多是各地管理机构暗自较量，甚至是将管理地区划分"地盘"，严重干扰市场正常运行。

而今推进"放管服"改革后，防雷业内的资质、审批大多被削弱或取消，原先管理部门也走向多元化。失去了这样的优势和背景，以往防雷行业风生水起的一些企业，都受到不同程度的影响。因此，这轮改革对于防雷市场而言，无异于是重新"洗牌"，防雷市场将充满活力。过去很多实力不足的企业，不得不依靠大企业的资质、授权，靠他们的名义进行市场行为，现在都有很多商业机会。不管是国企、私企，只要是符合防雷标准要求，就可以参与到防雷市场，才会使防雷真正成为一个市场。

3. 严格规范防雷检测资质

防雷行业的宗旨是"防雷减灾，服务人民"，承担着公众的安全，对抗着自然界的灾害，其本身是具有非常高风险的应用行业。自《中华人民共和国气象法》出台之后，我国的防雷行业进入一个快速发展时期，这种发展的基础来源于气象部门的行政管理，为防雷的发展进行保驾护航。防雷检测作为防雷工作的重要组成部分，过去一直依靠气象部门管理，现今在"放管服"政策影响下，防雷检测市场也正式开放。

本次防雷检测市场的开放，得益于"放管服"针对防雷行业的改革，国家出台国发〔2016〕39号文件后，中国气象局紧随其后发布31号令，通过设立检测资质的方式，使得防雷检测市场正式放开。防雷检测市场的形成，顺应当前"放管服"改革的趋势，满足市场发展的要求，这固然是一件好事。但防雷检测资质目前是经历"放管服"改革后，气象部门所掌握的监督手段。因此，应该正视该资质带来的作用，该资质证书体现出了"放管结合"的要求，是一种有效的管理手段。不能因为"放管服"政策影响，就使得市场主体可轻易获取，过于简易的管理绝对不适宜防雷，该行业永远是具有高风险性的，这是任何政策、管理和市场都无法改变的客观现实。

同时，也要吸取之前"防雷工程专业资质"所带来的教训，不能让防雷检测资质再一次走上"神坛"。该资质的定位就是"放管结合"，一种良性监督手段，有效地保障雷电安全方法，而不是一种市场准入制度，衡量市场主体参与的门槛。严格规范防雷检测资质，避免走上以往资质证书管理的"老路"，发挥其应有的作用，真正实现防雷减灾的目标，保护社会民众的生命财产安全。

4. 鼓励社会组织参与

自党的十八届三中全会以来，我国提出"创新社会治理体制""激发社会组织活力"等系列政策，目的是希望社会组织起到更多的积极作用。社会组织就是指为满足社会需要或部分成员需要而存在的非营利组织，其主要特点是公民自愿组成，为实现组织成员共同意愿，并且按照章程开展活动。作为公共关系中的一部分，社会组织涵盖种类非常广泛，尤其是经济类的组织，业务涉及各个行业之内，例如某某行业协会或某某工业协会，都是这一类的社会组织，对于市场环境和政府部门之间有很好的协调作用。

防雷行业最初起步并非市场自我需要，而是政府行政管理下的要求，目的是针对不断的雷电灾害做好防范。正是政府的行政干预，才形成了我国的防御雷电行业，但过度干预反而出现诸多不利影响，导致防雷走向"放管服"改革。现在失去了气象管理部门这根"拐杖"，防雷行业需要面对新的问题，快速市场化能否更适合国情，都要进行一段时间的探索和磨合。因此，社会组织的参与将有很好的缓冲作用，可以弥补政府部门公共服务的空缺，其组织本身具有的非营利属性，又不会形成类似行政权力的干预。例如防雷领域的行业协会，可以调节防雷市场的秩序，提出合理化的见解和方法，开展行业自律和制定行业标准，逐步参与到防雷日常活动中，成为防雷市场内不可或缺的力量。

社会组织的参与，将会成为行业稳定发展的推进器。从传统意义上分析，我国的社会组织相比国外还有不小差距，但随着我国市场经济日渐成熟，以往的行政干预已经影响发展。而社会组织分布在各个领域、行业，独立于政府和市场之间，既能纠正政府权力过于集中，又可避免市场走向垄断，为行业提供基础的参照指导，发挥社会组织的特殊作用。未来防雷行业社会组织的发展、参与是大势所趋，不仅限于防雷一个领域，对我国而言也是时代转变所需。

（三）行业未来发展趋势

市场规模增加，越来越多的安全生产责任主体单位加强了对安全生产的关注，其中防雷安全也是重要组成部分，原有设备的更新以及智能化设备的升级，将成为增量市场的重要组成部分。

更加规范的市场，目前市场上出现的部分乱象，是改革的必然阶段，随着职能部门和行业协会对各项规则的逐步完善，市场终将回归理性与公平，各防雷服务企业应该在此阶段提高服务水平，保障市场经营活动的同时苦练"内功"（设计、创新、服务等），成为更有竞争力的品牌。

行业应用将更加细分，不同的场景、不同的服务环节，将催生出各种前所未见的需求，防雷服务企业为了迎合客户的需求将会在某些领域进行深挖和专研，创造出更加完善的解决方案。甚至可能出现细分领域的细分品牌，专业性将被凸显。

行业客户的深度服务理念，专业性防雷工程公司会拓展其他防雷刚性需求领域的空间，同时扩展自己的其他工程（或产品/服务）空间，成为综合性大安全工程（或产品/服务）公司。

新兴技术将不断涌现，尤其是智能防雷。随着大数据的发展和节能减排要求的提高，智能防雷将成为众多具有创新能力的防雷生产、工程、检测领域的核心关注点，技术是第一生产力。

行业整合及并购将兴起，市场规模的扩大，会引起资本的关注，尽管目前仅有少数防雷企业发生了上市或并购，但这已经说明部分人看到了行业的潜力，只是时间问题。

　　跨界融合发展，行业边界会越来越模糊，不同的产品、渠道、品牌和技术的跨界，将成为未来市场发展的普遍现象。防雷服务企业不再只是关注某一项目，而是关注某些领域。

　　风险评估体系将会更加完善，防雷安全主体责任单位面对隐患将更加有的放矢，专业性也将更强。

　　行业自律显著提升，产品、工程、检测的质量和售后服务将与客户紧密捆绑在一起，有据可依，有溯可追。

参考文献

深圳市防雷协会，2018. 防雷行业安全监管调查报告［R］. 深圳市气象局调研报告.

徐春明，2017. 防雷行业市场及资本动向分析［J］. 现代建筑电气，8（9）：1-6，14.

周尚卿，2018. "放管服"政策在应用行业的研究——以我国防雷行业为例"［D］. 北京：中国人民大学.

气象服务产业发展指数分析

兰　淼

（中国气象服务协会，北京 100081）

一、中国气象服务产业发展指数介绍

中国气象服务产业发展指数（China Meteorological Service Industry Development Index，简称CMSIDI）是中国气象服务协会在对气象服务企业广泛调查的基础上，深入探究气象服务市场外部环境和内部要素建设的影响因素，设计形成的中国气象服务产业发展评价体系，经过综合量化得到反映气象服务产业整体的全面评价指数。

中国气象服务产业发展指数评价体系包含3个一级指标，9个二级指标和11个三级指标（表1）。气象服务产业生产力指数，侧重于产业内部生产要素的评价，从资本、人力资源、基础设施、技术水平四个方面进行具体评价。气象服务产业影响力指数，侧重于产业外部效益的评价，分为经济影响和社会影响两个方面，经济影响方面侧重从产业规模增速、重点企业收入增速两个角度细化，社会影响方面则从预报产品效果、灾害经济损失两个角度细化。气象服务产业驱动力指数，侧重于产业潜在能力的评价，从市场需求、创新环境和景气状态三个方面具体评价。

表1　中国气象服务产业发展指数

	二级指标	三级指标	评价指标
	一、产业生产力指数		
1	资本	固定资产规模	固定资产年末数（万元）
2	人力资源	从业人员素质	大学本科以上在职职工比重（%）
3	设施	专业设施覆盖	主要业务站个数（个）
4	技术	专业技术能力	高性能计算机峰值运算能力（PFLOPS）

续表

	二级指标	三级指标	评价指标
		二、产业影响力指数	
5	经济影响	部门产出规模	气象部门年度总收入（万元）
6		行业收入增速	行业企业营业收入增速（%）
7	社会影响	预报质量检验	城市天气预报质量检验—晴雨（雪）（%）
8		灾害经济损失	气象灾害直接经济损失占GDP比重（%）
		三、产业驱动力指数	
9	需求程度	市场需求规模	气象服务网气象数据共享服务数据量
10	创新环境	科研经费投入	科研课题经费总额（万元）
11	市场环境	产业景气程度	气象服务产业景气度（%）[1]

2018年，中国气象服务产业发展评价体系继续从气象服务产业的投入、驱动、产出三个环节出发，揭示产业发展的内在因素与动力。数据来源于《气象统计年鉴2018》、中国气象局发布的定期报告，中国气象服务协会面向会员企业单位的基本情况调查、气象服务产业景气调查等统计数据。

二、中国气象服务产业发展迅猛

中国气象服务产业总体延续持续扩张的发展态势，2018年发展迅猛。 除2016年以外，近五年中国气象服务产业发展指数增长速度均超过10个百分点，尤其是2018年发展指数大幅增长34.13个百分点，高达234.3（图1）。社会各界参与气象服务的活力和作用大幅提升，全面深化气象服务体制改革的成效进一步显现。伴随着加强生态文明建设中气象保障服务工作的推进，气象服务需求逐步扩大，生态气象相关业务进一步发展，整体气象服务业务水平获得提升。

产业生产力指数的大幅上行是拉升2018年中国气象服务产业发展指数的主要因素。 从产业发展的内在因素与动力上看，2018年产业生产力指数高速发展，同比提升53.73个百分点（图2），成为推动产业发展指数提高的主要因素，表明气象产业发展的实力和潜力进一步增强。同时代表产业发展外部环境

---

[1] 中国气象服务产业景气度调查由中国气象服务协会组织开展，定期向会员单位的采购经理发出调查问卷获取调查数据。调查内容涉及：业务总量、新订单（业务需求）、出口、在手订单、存货、投入品价格、销售价格、从业人员、供应商配送时间、业务活动预期10个问题。

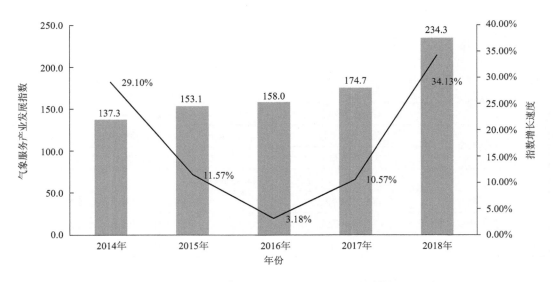

图1 中国气象服务产业发展指数变化趋势及增长速度

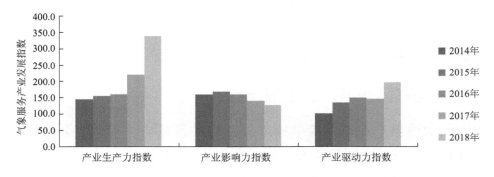

图2 2014—2018年中国气象服务产业发展指数一级指标变动趋势

的产业驱动力指数也明显反弹，同比回升35.68个百分点（图2），是推进气象服务产业发展指数上涨的重要因素。产业影响力指数增长动力明显不足，连续3年持续下滑，虽然2018年降幅收窄，但是仍然拖累气象服务产业指数的增长。

三、产业生产力指数大幅提升

基础专业设施业务的加强是产业生产力快速发展的主要原因。 2014年到2018年产业生产力指数延续增长走势（图3），尤其2018年增速高达53.73个百分点。从分领域来看，衡量专业设施覆盖的主要业务站点的明显增长是推动产业生产力指数大幅提升的主要原因。根据《气象统计年鉴2018》得知，2018年全国主要业务站个数为11,138个，约为2017年（2804个）的4倍，与前些年相比实现了三位数的增长，增长幅度高达297.22%，标志着我国气象产业设施覆盖进入新阶段。2018年以来国家全面加快部署现代化气象服务建设，大力发展区域自动化站点升级为国家业务站点，全面壮大了国家业务站点规模，现代化气象服务工作卓有成效。另外，衡量专业技术能力的高性能计算机峰值运算能力也稳步发展，在2017年的基础上增长10.24%。据了解，自2018年3月起，中国气象局新一代高性能计算机系统"派—曙光"启动业务化应用，自此，中国气象局高性能计算机系统总体规模跃居气象领域世界第二，极大加快了气象领域高性能计算能力峰值运算能力的发展。同时，从业人员素质、固定资产投入等要素均稳步有进，为气象服务产业的发展提供了良好的人力资源和经济资源。

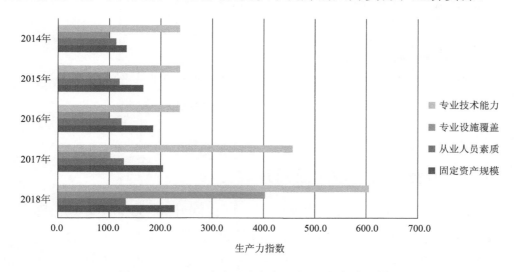

图3　2014—2018年产业生产力指数二级指标变化趋势

四、产业影响力指数增长动力不足

产业影响力指数降幅收窄，但增长动力仍然偏弱。产业影响力指数在2015年达到相对高位之后，连续三年走低。2018年产业影响力指数降至128.6，降速达8.6%，降幅同比减少4.01个百分点。

从气象服务产业的经济影响来看，2018年气象部门年度总收入达354.3亿元，同比上扬19.47个百分点，气象体制改革工作的效益有一定显现。然而伴随着国际经济贸易摩擦加剧，全球经济增长放缓态势愈加明显，2018年以来，气象产业企业发展下行压力突出，营收增速仅为14.9%，同比下降34.93个百分点，拖累产业影响力指数。从气象服务产业的社会影响来看，2018年，城市天气预报晴雨（雪）质量检验指数为99.4，小幅下滑2.17个百分点；另外，气象灾害直接经济损失占GDP的比重连续两年稳步下降，气象服务产业对经济社会的贡献率整体稳步提升（图4）。

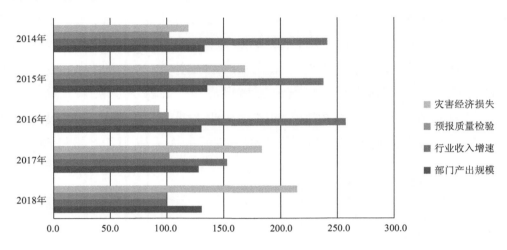

图4　2014—2018年产业影响力指数变化趋势

五、产业驱动力指数明显回升

2018年，产业驱动力指数明显回暖，同比回升35.68个百分点。随着《气象大数据行动计划（2017—2020）》执行以来，气象大数据云平台取得重大突破，开放共享的气象数据已广泛应用于交通运输、新能源、农业、移动互联软

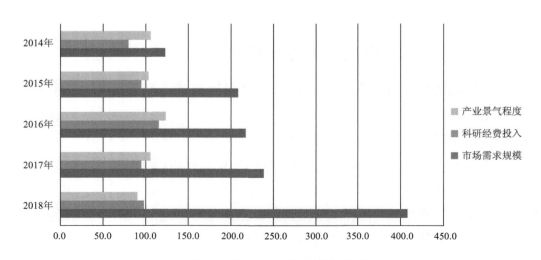

图5　2014—2018年产业驱动指数变化趋势

件开发和服务、公共管理等领域，效益显著。2018年气象数据共享服务数据量较去年明显走高，大幅增长71个百分点，达2014年的3.33倍，成为产业驱动力指数增速回升的主要推动力。产业景气度自2017年以来持续下行，小幅拖累产业驱动力指数，表明气象服务产业扩张态势有所放缓。另外，科研经费投入近些年来持续波动，2018年科研课题经费支出达5.6亿元，与去年相比小幅上扬2.94个百分点，气象服务产业对自主创新的支持稳步推进，协助促进气象服务产业快速发展。

协同发展篇

气象服务公私合作模式探究

黄秋菊

（中国气象局气象干部培训学院，北京 100081）

公私合作模式是一种以提供公共品为目标的公共与私人合作关系。在国家公共部门和私人部门合作过程中，双方不仅可以共享资源，共同获得收益，也共同承担风险。气象服务产品具有公共产品和准公共产品的性质，因而可以在这一领域广泛引入公私合作模式，以提高气象服务产品供给的水平、质量和效率，更好地满足社会对多样化气象服务的需要。针对我国气象服务行业发展的实际，可以引入政府购买、特许经营、公私伙伴关系、财政补贴、混合所有制、产业链合作、创新领域公私合作等多种模式。在此基础上，通过对气象服务进行精准分类，完善气象服务市场法律法规和相关标准建设，进一步开放气象服务市场、培育多元化的市场主体、制定和出台支持开展多样化公私合作模式的政策等多种举措，促进气象服务公私合作模式的健康发展。

中国特色社会主义进入新时代，中国气象事业现代化也进入一个加快发展的崭新阶段。围绕解决人民日益增长的美好生活需要同不平衡不充分的发展之间的矛盾，气象服务领域尤其需要通过改革创新，不断提升气象服务产品的供给质量和效益，以更好地满足人民群众对更高质量、更加多元、更具个性化的气象服务产品的需求。在气象服务供给领域引入公私合作模式，可以充分发挥公共气象部门和私人气象企业在生产供给气象服务中的各自比较优势，形成相互合作、优势互补、共同发展的良好格局，为全面提高气象事业现代化水平做出重要贡献。

一、公私合作模式对促进气象服务健康发展的战略意义

公私合作模式在提供公共产品和准公共产品领域，具有降低成本、提高效率、分散风险、适应社会多样性需求等重要功能，因而在发达国家得到广泛

应用。气象服务同样具有公共产品和准公共产品的性质，通过引入公私合作模式，可以改变公共气象部门单一供给气象服务模式的各种弊端，不断提升气象服务供给的水平和质量，更好地满足社会对多样化气象服务的需求。

（一）公私合作模式的内涵、特点和主要类型

1. 公司合作模式的内涵

公私合作概念出现于20世纪90年代的英国，随后公私合作制在美国、日本、加拿大等发达国家广泛发展起来。目前中国也在积极尝试发展公私合作模式，每个国家对公私合作的概念有着不同的理解。根据联合国培训研究院的定义，公私合作模式是一种以提供公共品为目标的公共与私人合作关系。在国家公共部门和私人部门合作过程中，双方不仅可以共享资源，共同获得收益，也共同承担风险。

从现有研究看，对公私合作模式的研究和应用主要集中于城市基础设施等公共产品和服务领域。但是从国外研究看，公私合作模式具有更加广泛的内涵。例如，联合国研究院认为，"不同的地区或多或少都会存在一些问题"，"公私合作"就是为了解决各个地区的不同问题，也包含不同阶层之间的合作方式。对它的定义从两个方面出发，第一，随着经济的发展，民众对公共需求的要求越来越高，只有政府单独参与的建设往往不能满足民众的需求，所以倡导公共部门和私营部门相互合作来建设大型项目。第二，同时也需要倡导公共和私人进行合作交流。美国PPP（公私合作）国家委员会认为：向民众提供公共产品的方式称为"公私合作"，也具有外包和私有两大特点。在以前只有政府能参与基础设施建设的过程中，完全不考虑私人资源，现在可以完全发挥私人资源的价值对基础设施进行设计、建设、经营和维护并满足公共需求。欧盟委员会认为：由原来单一化的公共部门参与的项目，现在可以由私人部门同时参与的一种合作关系称为"公私合作"。加拿大国家委员会认为：不管是公共部门还是私人部门，单一部门的经验都有一定的局限性，所以"公私合作"就是建立在两个部门的经验之上，合理的分配两个部门之间的资源，共同承担与之责任相应的风险，完美的满足公共需求的一种合作。由此可见，公私合作模式具有广泛的内涵和实践应用空间，它不仅适用于为公共基础设施提供融资和管理方面，而且适用于那些用于满足社会公众需求的各类公共产品和服务领域。其核心在于，相对于社会公众的多样化需求而言，无论是政府公共部门还是私人部门单独提供产品和服务都可能存在诸如成本高昂、效率低下、供给和

需求缺乏针对性等问题，因此需要公共部门和私人部门携手合作，以提高产品和服务的供给质量和效益。

传统观点把气象服务看作是一种典型的公共产品，因此长期以来国家气象部门通过财政支持向社会公众免费提供气象服务。但是如同其他公共产品一样，国家气象部门作为公共产品的供给者也日益暴露出一些矛盾和问题，主要表现为：民众对气象服务的高质量、高效率及多样化需求与气象服务供应不足之间的矛盾；公共财政支持的相对减少与气象部门的发展需求之间的矛盾；气象部门垄断经营造成气象服务的低效率和低质量。有鉴于此，西方国家也开始根据自身的国情，不断探索气象服务商业化的道路。随着气象体制改革和气象服务商业化的发展，各个国家更加认识到在气象服务生产和供给方面，公共部门和私人部门各自具有优势和不足，因而加强公私合作，不断拓展新市场、研发新技术、开发新产品，从而把气象服务产业的"蛋糕"做大，形成公私部门互利共赢的格局，是气象服务商业化的大趋势。

2. 公私合作模式的特点

从发达国家的实践看，公私合作模式主要有以下特点。

第一，公共部门和私人部门要有共同的核心利益，形成稳定合作关系。拥有共同利益和稳定的合作关系是公私合作模式的核心问题。尽管在市场经济条件下，公共部门和私人部门必然会形成各种各样的经济关系，但并非所有经济关系都符合公私合作模式的特点，例如政府一次性从私人部门购买商品，政府向企业的征税行为等。只有公共部门和私人部门拥有共同的目标和利益，才能使二者形成伙伴关系，而且公共部门和私人部门能够通过实现共同的目标各自获得合理的收益。

第二，在公私合作过程中，要避免公共部门和私人部门各自出现机会主义行为。经济学的研究秉持理性主义原则，也就是说无论是公共部门还是私人部门都具有经济人的特征，都力图以最小的代价获取最大的收益。在这一过程中，由于目标函数不一致、信息不完全和不对称以及存在委托-代理关系等问题，经济主体有可能采取"损人利己"的行为，为了自身利益而损害其他交易方的利益。在公私合作过程中显然也存在机会主义风险，一旦出现这种情况不仅会影响公私合作模式的运行效率，而且会使社会的整体福利遭受损害，因此，必须建立一套有效的制度安排和治理机制，以控制公私合作过程中潜在的机会主义行为。

第三，在公私合作模式中，必须具备风险分担机制。在现代市场经济中，利益与风险并存是常态也是经济发展的客观规律。高收益往往伴随高风险，公私合作关系能够维持下去的一个基本前提就是双方要有健全的风险分担机制。与其他交易方式相比，公私合作的模式在合理分担风险方面有显著的突破。例如，在基础设施建设方面，如果公路建成并投入使用后车流量过低，因而公路收费不能带来预期收益，私人部门将很难维持运营，这时政府部门可以给私人部门一定的经济补贴，从而降低私人部门承担的风险。同样，公共部门在基础设施的管理和运营方面缺乏效率，因此可以赋予私营部门在管理方面更大的权限和责任，从而使双方的风险得到合理分担。

3. 公司合作模式的主要类型

根据各国在基础设施和公共服务供给领域的实践，公私合作的一般模式大致可以划分为以下类型。

（1）服务外包。对一些特殊的公共项目，政府可以把服务出包给私营部门。政府公共部门仍需对设施的运营和维护负责，承担项目的融资风险。这种协议的时间一般短于5年。

（2）运营和维护协议。政府与私营部门签订运营和维护协议，由私营部门负责对基础设施进行运营和维护，获取商业利润。在该协议下，私营部门承担基础设施运行和维护过程中的全部责任，但不承担资本风险。该形式的目的在于通过引入私营部门，提高基础设施的运营效率和服务质量。

（3）租赁—建设—运营。政府与私营部门签订长期的租赁协议，由私营部门租赁业已存在的基础设施，向政府交纳一定的租赁费用；并在已有设施的基础上凭借自己的资金融资能力对基础设施进行扩建，并负责其运营和维护，获取商业利润。在该模式中，整体基础设施的所有权属于政府，因而不存在公共产权问题。

（4）建设—租赁—转让。使用这个模式，政府只让项目公司融资和建设，在项目建成后，由政府租赁并负责运行，项目公司用政府付给的租金还贷，租赁期结束后，项目资产移交政府。

（5）建设—转让—运营。政府与私营部门签订协议，由私营部门负责基础设施的融资和建设，完工后将设施转让给政府。然后，政府把该项基础设施租赁给该私营部门，由其负责基础设施的运营，获取商业利润。在此模型中，也不存在基础设施公共产权问题。

（6）合资经营。政府部门与私营企业或外资企业共同出资，成立股份有限公司，共同负责基础设施的建设、运营，为社会提供公共服务。这种方式主要侧重于盘活资产存量，同时引进增量资金，合资双方利益与风险共担，政府部门不承诺固定回报，有利于真正引进先进的管理经验，再造公共服务行业的体制、机制。

（7）建设—运营—转让。首先由项目发起人通过投标从委托人手中获取对某个项目的特许权，随后组成项目公司并负责进行项目的融资，组织项目的建设，管理项目的运营，在特许期内通过对项目的运营以及当地政府给予的其他优惠项目的开发运营来回收资金以还贷，并取得合理的利润。特许期结束后，将项目无偿地（或获得政府提供的一定量资金）移交给政府。在BOT模式下，投资者一般要求政府保证其最低收益率，一旦在特许期内无法达到该标准，政府应给予特别补偿。这种形式的特点在于政府通过出让建设权和经营权，吸引增量资金。

（8）建设—拥有—运营。在这种模式中，项目公司不仅拥有经营权而且还拥有所有权，因此，可以将现有项目作为资产抵押进行二次融资。一般来说，采用BOOT模式，项目公司对项目的拥有和运营时间比BOT模式要长很多。

（9）外围建设。政府与私营部门签订协议，由私营部门负责对已有的公共基础设施进行扩建，并负责建设过程中的融资。完工后由私营部门在一定的特许权期内负责对整体公共基础设施进行运营和维护，并获得商业利润。在该模型下，私营部门可以对扩建的部分拥有所有权，因而会影响到基础设施的公共产权问题。

（10）购买—建设—运营（BBO）。政府将原有的公共基础设施出售给那些有能力改造和扩建这些基础设施的私营部门，在特许权下，由私营部门负责对该基础设施进行改、扩建，并拥有永久性经营权。

（二）公私合作模式对提高气象服务供给质量的战略意义

第一，利用公私合作模式促进气象服务商业化，是深化气象服务体制改革的内在要求。全面深化改革是建设社会主义现代化强国的根本动力，也是推进气象事业现代化的重要引擎。中国气象事业在改革开放40年的历史进程中取得了巨大的发展成就，但不能否认在思想观念上还有许多障碍需要突破，在体制机制上还有一些藩篱有待冲破。其中，气象服务体制机制领域存在的许多弊端已经成为制约我国气象现代化事业发展，更好满足人民群众日益增长的美好生活需要的重要不利因素。只有通过深化气象服务体制改革，去除这些体制机制的顽瘴痼疾，才能充分释放气象服务部门内在活力，更好地适应经济社会发展的需要。党的十八届三中全会对于全面深化改革提出了重要的指导思想和战略部署，其中特别强调要发挥市场在资源配置中的决定性作用和更好地发挥政府作用；加快转变政府职能，加大购买公共服务力度；对自然垄断性行业实行政企分开、政资分开，放开竞争性业务，推进公共资源配置市场化，进一步破除各种形式的行政垄断。这些重要论述无疑为深化气象服务体制改革指明了方向，提供了重要指导。遵循中央关于全面深化改革的精神，中国气象局于2014年5月发布了《关于全面深化气象改革的意见》，明确提出构建政府部门主导、市场配置资源、社会力量参与的气象服务新格局，更好地满足经济社会发展和人民群众生产生活日益增长的气象服务需求。同时指出，改进政府提供公共服务气象方式，建立政府购买公共气象服务机制，组织引导社会资源和力量开展公共气象服务；积极培育气象服务市场，建立公平、公开、透明的气象服务规则；激发社会组织参与公共气象服务的活力。这些改革举措无疑为在气象服务领域开展公私合作创造了有利条件，提供了巨大机遇。总之，以公共部门和私营部门合作的方式推进气象服务商业化进程，显然符合国家全面深化改革的总体方向，它有利于突破气象服务部门长期存在的行政垄断，通过引入市场和竞争机制提高公共部门提供气象服务的质量和效率；有利于进一步推进气象服务商业化改革，促进私营气象服务部门的蓬勃发展；有利于发挥公共气象服务部门和私营气象部门各自的比较优势，形成相互补充、共同发展的良好格局，更好地满足国家和社会民众对多样化气象服务的需求。

第二，以公私合作模式促进气象服务商业化，是气象事业现代化的要求。党的十九大对决胜全面建成小康社会、全面建设现代化国家做出了战略安排，特别提出分两个阶段全面建设社会主义现代化强国的发展目标。推进气象事业现代化本身就是建设社会主义现代化强国的一个重要组成部分。2006年，国务院出台《关于加快气象事业发展的若干意见》明确提出，到2020年，建成结构完善、功能先进的气象现代化体系。2018年全国气象局长会议对标党的十九大做出的战略部署，确定了新时代气象现代化三个阶段发展方向和奋斗目标。2018年8月11日，中国气象局正式印发了《全面推进气象现代化行动计划（2018—2020年）》（简称《行动计划》），确定了全面实现气象现代化第一阶段的目标和主要任务。《行动计划》明确提出：到2020年，基本建成适应需求、结构完善、功能先进、保障有力的，以智慧气象为重要标志的现代气象业务体系、服务体系、科技创新体系、治理体系，基本具备全球监测、全球预报、全球服务、全球创新、全球治理能力，气象灾害预报预警、气象服务、气象卫星等领域达到世界领先水平。气象现代化无疑是一个系统工程，是一个综合性的现代化气象体系，建立现代化的气象服务体系显然是其中的一个重要组成部分。无论是从发达国家气象现代化发展进程看，还是从中国的实际需要看，现代化气象服务体系都是一个开放、多元、有序、高效的服务体系。在这样一个体系中，公共气象部门、私营气象部门、外资气象部门将在公平、开放、透明的规则约束下，开展多样性的竞争与合作，形成复杂的竞合关系，如此才能调动社会各方的积极性，激发不同气象服务供给主体的主动性和创造性，不断推动气象服务技术创新、产品创新、商业模式创新、品牌创新、管理和制度创新，从而提高气象服务供给的效率，促进现代气象服务体系的蓬勃发展。在气象服务供给领域，不断深化公私合作，恰恰适应了气象服务体系现代化的趋势和要求，能够最大限度调动各类主体参与气象服务商业化进程，促进气象服务技术、资本、人才、信息、产权等各种生产要素的自由流动和优化配置，形成体系完备、功能齐全、产品完备、运行有效的现代气象服务市场体系。

第三，以公私合作模式推进气象服务商业化，是促进我国经济社会高质量发展的内在要求。进入新时代，中国经济社会发展呈现的一个新的重要特征就是我国经济增长已由高速增长阶段转向高质量发展阶段，正处在转变发展方式、优化经济结构、转换增长动力的攻关期。发展阶段的转换意味着传统发展方式、发展要求、动力结构对经济发展的促进作用在削弱，因而需要在经济转型升级过程中不断发现新技术、新产业、新业态、新模式，以培育新的增长点和竞争优势。在这一过程中，现代化的生产服务业和生活服务业必然成为促进经济持续健康发展的一个重要增长点。现代气象服务业本身就兼具生产服务业和生活服务业的双重属性，它不仅对缩减气象灾害造成的经济损失、优化生产要素配置和生产决策、促进价值增值发挥重要作用，而且对优化人民生活决策、提高人民生活质量也发挥着重要作用。尤其是随着经济发展和人民生活水平的提高，对气象服务的需求弹性也在不断加大，因而气象服务产业具有广阔的市场和巨大的价值增值空间。据测算，未来我国包括气象服务在内的整个气象产业的市场价值高达3000亿元，如果这一市场能够被充分开发利用，必然为我国经济高质量发展注入新的活力。但目前来看，我国的气象服务产业远远不能适应这一需求，尤其是高质量的气象服务供给滞后于社会各方面的需求，导致气象服务市场发展质量和效益不高。改变这种状况需要多方努力、综合施策，其中，推进气象服务的公私合作模式可以作为一个重要的着力点。通过深化公私合作，激发各类主体活力，拓宽合作领域，发挥公共气象部门和私营气象部门的综合优势，能够使气象资源的开发利用程度大幅提升，促进建立以用户为导向的生产经营模式，完善气象服务市场体系建设，充分发挥市场机制作用，最终提升整个气象服务产业的竞争力。

二、我国气象服务供给存在的主要问题和成因分析

改革开放40年来，我国气象服务行业取得较大发展成就，但受传统体制机制落后等因素的制约，气象服务供给仍严重滞后于经济社会发展的需要。必须突破思想观念的障碍、利益固化的藩篱，不断深化气象服务体制改革，通过引入市场机制和公私合作等新的运营模式，才能不断提升气象服务供给质量，促进气象事业现代化发展。

（一）体制改革滞后，气象服务市场存在较多进入壁垒和限制

在传统体制下，气象服务供给具有典型的部门垄断特征，或是禁止社会力量进入，或是设置较多限制。2014年以来，随着气象服务体制改革的推进，国家开始鼓励社会资本和社会力量参与气象服务的供给和经营活动，但是受体制惯性、部门利益等因素的影响，社会力量在进入气象服务产业过程中，仍面临许多限制。一是气象部门在气象市场一直处于资源垄断地位，各地气象服务市场还存在属地分割的情况，地方保护主义在不同程度上仍然存在。二是气象基础资料获取难度较大，制约了社会力量的进入。三是法律规范标准和管理也制约了社会资本有效参与气象服务供给。

（二）事企不分、政企不分，气象部门内部企业缺乏市场竞争力

经过30多年的时间，我国气象部门内部的专业气象服务得到长足发展，但是仍存在政企不分、市场竞争力和服务能力不足的问题。目前，组织运作气象服务商业化的部门是我国的各级气象局，本质上就是事业单位的形式。虽然绝大多数气象局之下成立有和商业气象服务相关的实体机构，但是在行政管理上所执行的基本还是"事业单位、企业管理"的管理套路和思维。在气象有偿服务方面，受计划经济和市场经济两种体制的影响，关系错综复杂，使得有偿

服务完全受制于体制约束，发展缓慢。此外，气象服务的部门是具有编制的事业单位，编制内的人员只要做好份内之事，就可以享受到很好的待遇，因而缺乏开拓市场、应对竞争的压力和动力。特别是气象部门长期存在事业单位机关化、企业单位事业化，工作绩效难以量化评估，无论是事业单位还是国资企业，"吃大锅饭"情况都比较普遍，难以激发人员积极性、创造力，严重制约了气象服务产业的发展。

（三）气象服务市场发育不足，气象服务产品种类单一

受体制改革滞后、社会力量参与不足、部门内专业气象服务发展不充分等因素的综合影响，我国气象服务市场总体发育不足，气象服务产品供给种类较为单一，难以满足社会日益增长的多元化气象服务的需要。一是气象服务产品供给结构失衡，难以满足社会需求。二是气象服务的社会化程度不高，制约了气象服务市场的发育和服务种类的拓展。三是产业融合度低，难以满足社会对新兴气象服务的需求。目前，专业气象服务大多以"包装+营销"为主，气象服务与行业的融合只是在个别点上有融合、面上的融合还不够。特别是随着大数据概念和智慧气象的提出，需要进一步对气象数据的价值进行挖掘，以互联互通互动和融合客户需求为基础，打造精细化专业气象服务平台，在供应链做大做强平台应用环节和数据提供环节，赋予数据通用的意义，服务提供方式变为以"研发+融入"为主，才能满足气象服务融合发展的需要。

（四）国内民营气象企业发展薄弱，面临双重挤压

公共气象部门及其内部的事业单位和企业在气象服务市场上仍然占据主导地位。由于在资本规模、技术条件、政策支持、数据获取、规则制定等方面占有绝对优势，因而民营气象企业很难与之竞争，只能在公共气象部门业务覆盖较弱的边缘领域开展经营业务。而且，一旦民营气象企业成长壮大，有可能对气象部门内部的企业或市场形成竞争压力时，气象部门内部的企业则可能凭借部门保护主义对民营企业形成挤压。另一方面，随着我国对外开放程度的加大，特别是服务业的进一步开放，外国资本和气象企业向国内渗透的趋势日趋明显，对国内民营气象企业也形成较大的竞争压力。例如，经历多年的努力，我国仍没有在国际远洋航运气象保障的市场中占据较大份额，而日本气象服务公司则占据了上海、广州70%以上的远洋航运公司气象业务。因此，民营企业在面对国有气象部门竞争的同时，如何应对国外气象企业的竞争压力，是其面对的又一严峻挑战。

（五）气象服务公私合作模式处于起步阶段，难以适应经济社会发展需要

在气象服务供给领域开展公共部门和私人部门的合作，已经是国际气象商业化的一个重要趋势。2014年召开的第六次全国气象会议明确提出，要构建部门、市场和社会之间的良性互动机制，建立气象部门与各类市场主体、行业协会等社会组织的合作伙伴关系，为社会气象服务的发展提供基础信息和技术支撑，联合各类主体开展气象服务和科技创新，吸收引进社会气象服务的先进技术和产品。可见，在气象服务产业建立公私合作模式，也是我国气象事业现代化发展的大势所趋。随着我国气象服务商业化进程的推进，公私合作模式也开始在一些领域崭露头角。在一些气象服务基础设施建设领域，为了缓解政府财政负担，拓宽融资渠道，提高气象基础设施建设和运营效率，已经开始引入社会资本，并授权采取特许经营模式。国家也开始鼓励公共气象部门采取政府购买服务的形式，引入社会力量开展公私合作。还有一些地区已经开始探索采取混合所有制的形式，在产权和企业组织形态方面进行公私合作。最近出台的一项支持公私合作的重要举措就是国家气象资源与社会资本基于气象数据开发的战略合作。2018年8月，国家从事数据开发运营的社会企业与国家气象信息中心签署合作协议，推动气象信息数据服务的深度开发。尽管取得上述进展，但总体而言，我国气象服务领域的公私合作尚处于起步阶段，无论是合作的形式、合作的领域以及支持公私合作的相关制度建设方面，都有相当大的进一步拓展的空间。

（六）气象商业化人才培养薄弱，制约气象商业化的发展

气象服务商业化的发展，离不开大量既熟练掌握气象服务专业知识，又精通市场经济和商业实践的复合型人才的有力支撑。但是从目前的发展现状看，无论是气象院校，还是社会综合培养的人才都与气象商业化人才的需要严重不匹配，造成商业气象服务人才离职率高、核心人才严重缺乏的困境。具体来看，高端气象科技人才主要从事国际、国家科研工作，留在学术界的经济收入风险低，社会地位高，并且不理解社会商业活动、企业运作，同时对商业气象服务的认同感也较低。一些气象部门系统内部的人员，长期在体制内从事固定、稳定的工作，工作技能较为单一，缺乏创造力和风险承担精神，同时对外部企业了解的深入程度较低，无法满足多变的商业需求。总之，由于缺乏既精通气象，又精通商业的复合型人才，不仅制约我国商业气象服务的发展，而且

难以在公共气象部门和私人气象部门之间开展持续有效的合作。

三、新时代推进和完善我国气象服务公私合作模式的思路与对策

中国特色社会主义进入新时代，我国经济由高速增长阶段转向高质量发展阶段，国内外发展环境发生复杂深刻变化，气象现代化事业发展和气象服务体制改革也进入一个加速推进时期，这些环境变化既为推进气象服务商业化公私合作创造了巨大机遇，也带来了许多严峻的挑战。随着气象服务体制改革的深化，我国气象服务商业化进程也不断加快，公共气象部门和私人气象部门竞争与合作交融的格局正在形成，公私合作的领域不断拓宽，合作形式日趋多元。

（一）气象服务商业化公私合作的领域和模式

在气象服务供给领域开展公私合作可以涉及多个领域，采取多种模式。

（1）政府购买。政府向社会力量购买服务，既是发挥市场机制作用的形式，也是实现公私合作的形式。在这种模式中，政府将其向社会直接提供的一部分公共服务，按照一定方式和程序，交由具备条件的社会力量承担，政府根据服务数量和质量向其付费。政府购买对于提高政府的公共服务供给能力，转变政府职能，整合利用社会资源，激发经济社会活力，都具有重要意义。当然，对于可以采取政府购买形式的公共服务，国家有明确规定，即"对于应当由政府直接提供、不适合社会力量承担的公共服务，以及不属于政府职责范围的服务项目，政府不得向社会力量购买。"从目前来看，适宜通过政府购买方式提供的基本公共气象服务包括气象防灾减灾科普、国家重大基础设施建设气象服务保障、重大活动气象服务保障、公共气象服务满意度评估、气象服务效益评估、气候资源评估、实证基础设施防雷安全防雷监测、气象基础设施建设、气象业务系统软件开发、应用气象技术的研究与开发等。

（2）特许经营。政府允许某些组织垄断经营权，允许其通过向消费者收费为生产服务提供资金，政府不直接为公共服务付费，而是特定经营组织在一定实践内享受排他性的经营权，并代替政府向社会有偿提供公共服务。从保障公共气象服务供给看，特许经营是政府按照有关法律规定，通过市场竞争机制筛选公共服务供给者，明确其在一定期限和范围内经营或提供某项气象服务的制度安排。在市政公用事业领域，城市供水、工期、供热、公共交通、污水处理、垃圾处理等具有准公共产品性质的服务可以适用特许经营，这种方式有助

于调动社会力量参与提供公共服务的积极性。就气象服务而言，适合采用特许经营模式的项目包括特种设备研制与生产，防雷设施工程建设与监测。

（3）公私伙伴关系（PPP）。政府和企业联合生产公共服务的模式。政府通常为合作的私营企业提供土地、政策优惠、拨款、贷款、免税以及以低于市场价格收购生产商的产品等。这一方式在基本公共气象服务供给中主要适用于部分面向公众和专业性较强的气象服务，其目的在于增加公共气象服务供给，提升相关领域的气象服务管理和适应服务市场需求的能力。可以采取公私伙伴关系生产的基本气象公共服务包括气象影视服务、气象新媒体服务以及与特定行业领域密切相关的基本气象服务。

（4）财政补贴。政府可以通过给非营利组织提供补助，确保其向公众提供优质公共产品。财政补贴形式包括直接拨款、免税、税收优惠、低息贷款、贷款担保等。居民可以通过接受补贴的社会组织获得更多的公共服务和公共产品，非营利组织则通过接受政府补助得到成本补偿。财政补贴的领域主要包括公共教育和医疗、某些科研项目、社会福利、基础设施等。这种方式有利于增加公民享受服务的选择权利，促进基本公共服务及公平竞争。在基本公共气象服务领域，财政补贴可以为公众获取基本气象公共服务提供保障，调动和吸引社会组织参与基本公共服务供给。基层社区的气象防灾减灾组织体系建设、气象信息员队伍建设等可以采取这种方式。

（5）混合所有制。混合所有制是在生产组织领域进行的一种更加紧密的公私合作关系，而且已被广泛应用于我国国有企业改革过程中。混合所有制经济是指不同性质的资本联合、融合或参股所形成的经济成分，一般采取股份制的资本组织形态。党的十八届三中全会指出，国有资本、集体资本、非公有资本等交叉持股、相互融合的混合所有制经济，是基本经济制度的重要实现形式。积极发展混合所有制经济，有利于改善国有企业、集体企业和非公有制企业的产权结构，推动企业建立适应市场经济发展的现代企业制度；有利于国有资本放大功能、保值增值、提高竞争力；有利于推动各类所有制企业产权流动和重组，优化资本配置，使效益最大化；有利于依托多元产权架构和市场化的运营机制提高公有经济效益；有利于非公有制经济进入基础设施、公用事业等更多领域，拓展发展空间。在气象服务领域，也应当大胆引入混合所有制经济模式，形成国有气象部门和非国有气象部门相互进入、产权融合的格局。一方面，有利于推动国有气象服务企业进行股份制改造，建立现代企业制度，并借助民营资本及其灵活的经营机制、较强的创新能力、对市场和成本的高度敏感性，提高国有气象部门的经营效率和效益；另一方面，也有利于非国有气象部门进入过去难以进入的公共气象服务领域，拓宽市场，并依托国有气象部门在技术和人才方面的优势，提升自身的素质和提供气象服务的能力。总之，采取混合所有制经济，有助于各种所有制气象服务企业取长补短、相互促进、共同发展，最大限度提高我国气象服务供给的质量和效益。

（6）产业链合作。产业链是产业经济学中的一个概念，是各个产业部门之间基于一定的技术经济关联，并依据特定的逻辑关系和时空布局关系客观形成的链条式关联关系形态。位于产业链上不同环节的企业可以按照一定的协议进行合作，以促进社会分工和专业化程度，发挥各自的比较优势，从而形成一种互惠共生的关系。从气象服务生产和供给来看，也存在和其他产业相似的产业链条。例如，公共气象部门和国有气象企业往往处于产业链的上游，从事基础性气象服务核心技术的研发、气象基础资料数据信息的开发，而民营气象企业主要处于产业链的下游，对基础数据信息进行进一步挖掘和加工，最终根据客户需要定制出个性化的气象服务产品。处于上下游的公共气象部门和民营气象部门完全可以围绕产业链形成长期的、战略性的合作，以降低交易成本、提高气象服务的价值增值。在这方面，国外气象部门已经有成功的实践。例如，在日本气象服务供给领域，政府气象部门设有气象服务业务支援中心，专门负责为民间气象公司提供观测资料与技术援助，民间气象公司依托国家气象厅经营专业气象服务，生产大量的各种气象服务信息，并完全依据市场经济原则进行经营，而气象厅的气象信息则无偿提供给整个社会，用户可以免费获取气象厅的气象情报，也可以有偿从私人气象公司获取经过加工后的气象信息，以及更细致、更及时、更富有建设性的防灾对策建议。私人气象公司拥有高科技的加工和服务手段，不担心气象厅公益气象预报影响他们的生意。2018年，我国国家气象信息中心与民营企业就气象数据深度开发签署战略合作协议，实际上也已经开启了我国气象服务产业链公私合作模式的进程。

（7）创新领域的公私合作。气象服务产业是一个知识密集型和科技密集型程度很高的产业，可以说创新驱动是促进气象服务业持续健康发展最重要的因素。但是，受体制机制弊端的影响，我国气象服务行业的创新动力明显不足。现阶段专业气象服务的现状是行业垄断和市场割据，基本上是垂直体制下以县域、市域或者省域范围内的划定服务范围，各自管理自己的"一亩三分地"，这是一种制约创新的体制。由于企业没有发展起来，目前气象部门的创新主体是事业单位或者科研院所，随着事业单位改革的深入，逐渐回归公益属性，缺少激励创新的公平竞争环境，尤其是在规范发放津补贴要求下，无法建立工作的激励措施，人员积极性和创造力难以发挥。此外，由于市场导向机制和要素价格倒逼的创新机制尚未完全形成，人员、数据和技术成果等生产要素不能够自由流通与交易，结果导致气象科技成果转化率低。据统计，我国气象科研成果的转化率仅为6%～7%。另一方面，民营气象部门虽然对市场信息敏感，有较强的创新动机，具备较强的科研成果转化能力，但是由于自身所具有的气象科技人才较少、气象科技研发基础差、储备不足，结果形成想创新却没有能力创新的局面。由此可见，在气象科技创新领域，公共气象部门和民营气象部门各自具备优势和不足，因此，应当尽快打破体制机制的藩篱，促进公私部门在关键核心技术、重大共性技术、新兴气象服务技术等领域的创新合作，加快使气象科技成果转化为现实生产力，形成促进气象科技创新的强大合力。

（8）对外开放中的公私合作。气象服务的发展离不开对外开放，一方面可以利用对外开放的机遇，学习国外先进技术和管理经验，提高自身服务能力，同时利用外部压力促进内部体制改革和产业转型升级；另一方面，随着我国在全球经济中地位上升，气象产业走出去，为全球提供气象服务也是大势所趋。未来，气象服务产业从国内单一市场向国际化演变也是一个重要趋势，尤其是在当前经济和科技条件下，跨界融合发展成为可能，国际资本的渗透、兼并，科技和金融大鳄进入气象专业服务领域变得越来越容易，国外一些知名气象企业已经在国内开设机构，并且与国内一些企业形成联合。但目前国内企业和机构的服务能力、服务范围仅限于国内单一市场，我国只有部分装备类气象服务企业在国际上开拓了服务市场，由于气象服务企业整体实力偏弱，目前开拓国际市场还有相当难度。因此，可以大力推动公共气象部门、国有气象企业和民营企业在对外开放、拓展国际业务领域展开合作。一方面，这种合作可以有力应对国外企业的竞争压力；另一方面，更有助于我国气象服务企业携手走出去，实现专业气象服务相互渗透、融合和依存，推动气象资源和要素跨越国家边界进行有效配置，从而保障一带一路建设、形成一体化的国际网络，形成高质量的气象服务国际化的供给与消费体系。

（二）推进和完善气象服务商业化公私合作模式的主要举措
首先，**对气象服务进行精准分类是推进公私合作的基本前提**，只有在分类的基础上才能明确哪些气象服务可以开展公私合作，以及采取什么样的合作形式，如何考核和评价绩效。在这方面，国有企业改革提供了有益借鉴。2015年发布的《关于深化国有企业改革的指导意见》明确指出，根据国有资本的战略定位和发展目标，结合不同国有企业在经济社会发展中的作用，将国有企业分为商业类和公益类。通过界定功能、划分类别，实行分类改革、分类发展、分类监管、分类定责、分类考核。对于公益性企业，加大国有资本投入力度，在提供公共服务方面做出更大贡献。这类企业可以采取国有独资形式，具备条件的也可以推行投资主体多元化，还可以通过购买服务、特许经营、委托代理等方式，鼓励非国有企业参与经营。重点考核成本公职、产品服务质量、营运效率和保障能力。对于商业类国有企业按照市场化要求实行商业化运作，以增强国有经济活力、放大国有资本功能、实现国有资产保值增值为主要目标，依法独立开展生产经营活动，实现优胜劣汰，有序进退。其中，主业处于充分竞争行业和领域的国有企业，原则上都要求进行公司制股份制改革，积极引入其他国有资本或各类非国有资本实行股权多元化。主业处于关系国家安全、国民经济命脉的重要行业和关键领域，主要承担重大专项任务的商业类国企，要保持国有控股地位，支持非国有资本参股。对自然垄断行业，实行以政企分开、政资分开、特许经营、政府监管为主要内容的改革，实行网运分开、放开竞争性业务。借鉴上述经验并结合气象部门特点，可以首先把气象服务分成三类。一类是具有纯公共产品性质的基本气象公共服务，以及涉及国家秘密、关系国计民生的气象服务，这类气象服务或者由政府气象部门供给，国家加大支持力度，或者由国有气象部门供给，当然其中一些适合的气象服务也可以引入市场机制，采取政府购买等方式提供。对于具有准公共产品性质，不涉及国家秘密的气象服务，可以引入公私合作模式，如果涉及企业产权合作，可以采取混合所有制形式，国有气象部门可以控股。对于一般性的商业气象服务，可以进一步加大开放力度，广泛引入社会资本和社会力量，采取多种形式的公私合作模式。

其次，**完善气象服务市场法律法规和相关标准建设**。只有形成比较完善的法律法规和标准体系，才能清晰界定部门、市场和社会各主体在气象服务供给领域的职责，有效保障各方合法权益，这是开展气象服务商业化公私合作的基础。一是推动气象服务的标准化与规范化。健全气象服务标准体系，加强从数据、服务模式、服务供给、服务保障等方面的标准研究和设计；促进数据、系统、产品标准的一致性，便于系统间调用、行业间融合，提高效率；推动服务机构的标准化建设，加强自身机制能力、提高服务质量，促进其健康发展。二是制定推进气象服务双创政策。鼓励企事业单位及中介机构利用当地扶持政策创办一系列创新平台，创造良好的企业发展环境。逐步形成气象产业创新、优选、孵化、推广的机制。以气象实验室（场）、气象科技园区、高校和科研院所为依托，集众人力量和智慧建设气象服务技术创新平台，构建需求牵引、技术驱动的科技创新机制，积极促进气象服务科研成果转化。三是建立专业气象服务市场要素自由交易政策。建设全国气象服务生产要素交易平台，提供创新需求发布、技术推介及推广交易等服务，对于人才、成果、模式、资金、数据等进行网上交易，促进市场发展，降低成本、提高效率充分挖掘气象信息和技术等资源的价值。打通成果转化工作上的制度瓶颈，促进技术类无形资产交易，建立市场化的国有技术类无形资产可协议转让制度。

再次，进一步开放气象服务市场，培育多元化的市场主体。在健全制度建设的基础上，充分利用市场有效机制，催生新兴气象服务产业。在相关部门指导的基础上，借鉴能源、证券、金融和保险在创新方面的经验，加强创新工作、积极鼓励和支持创新，充分利用市场这只"无形的手"在气象服务产业中的作用。根据气象法相关规定，尽快制定负面清单，除气象法规定的国家对公众气象预报和灾害性天气警报实行统一发布制度和关系国家安全的气象服务外，其他相关气象服务领域都应该有序放开。建立气象服务市场的产业链，实现从气象服务市场产业链的低端游向高端，逐步实现气象服务产业的高质量发展和整体繁荣。

最后，制定和出台支持开展多样化公私合作模式的政策和措施。一是进一步推动气象基础信息和数据的开放，并遵循共享原则。搭建气象信息资源开发与共享平台，提高气象信息资源的原创开发能力、集成应用度和共享服务水平，拓展业务领域，以满足市场和客户的需要。二是大力支持公共气象部门和民营气象部门在创新领域的合作。强化气象服务事业单位和企业技术创新主体地位，建立气象服务技术研发和创新转化平台，推动公私部门在关键基础创新和新技术手段的应用技术创新等领域开展深度合作。完善协同创新机制，引导和利用国内外高校、科研机构和企业的优势资源，联合开展气象服务技术创新。三是支持和鼓励公共气象部门、民营气象部门、外资气象部门在对外开放中的合作。按照国际化发展目标，建立促进气象服务走出去、引进来的开放合作交流政策，适当扩大利用外资规模。制定鼓励气象服务出口政策，国内龙头国有气象服务企业集团可以在国外投资入股、设立分公司，借助"一带一路"全球化发展倡议，在国际远洋航运保障、水利、交通、通航、物流、贸易、知识产权等领域开展气象保障服务。

企业级（To B）气象服务产业发展路径探析

叶梦姝

（中国气象局气象干部培训学院，北京 100081）

按照国家稳增长、促改革、调结构、惠民生、防风险的总体要求，落实经济供给侧结构性改革对企业级气象服务保障提出了更高要求。发展企业级气象服务，作为推进气象科技发展的驱动器、加速器和试金石，对于推动我国气象服务产业化进程至关重要。本文探索总结了2015年以来我国企业级气象服务在社会贡献力、新技术应用水平、行业生态和国际影响力四个方面的主要进展，分析了企业级气象服务长远发展尚需解决的五个方面问题，并提出了企业级气象服务产业发展的四个基本路径。

一、前言

2019年中央经济工作会议指出，要"统筹推进稳增长、促改革、调结构、惠民生、防风险工作；加强人工智能、工业互联网、物联网等新型基础设施建设，加大城际交通、物流、市政基础设施投资力度，补齐农村基础设施和公共服务设施建设短板，加强自然灾害防治能力建设；提高大城市精细化管理水平；推动共建'一带一路'，发挥企业主体作用，有效管控各类风险"，对气象服务提出了新的要求。

2019年全国气象局长会议指出："优化经济结构、实施重大战略，对大力发展气象服务提出了新要求；提升科技创新能力、建设创新型国家，为促进智慧气象的发展提供了新动能；参与全球治理体系变革、推动经济全球化发展，为在全球气象领域展现大国作为、做出大国贡献带来新契机"，因此，将"大力发展专业气象服务"及"深化气象服务供给侧结构性改革"作为年度重点任务，并计划年内出台《大力推进专业气象服务改革发展的若干举措》，将"专业气象服务"作为改革龙头，推进气象服务供给侧结构性改革。

"To B气象服务"，即"企业级气象服务"，一般是指以气象条件对企业运营影响规律的研究为基础，利用管理科学和信息技术等现代科学技术，通过气象探测设备服务（IaaS）、气象数据服务（DaaS）、气象软件服务（SaaS）、平台服务（PaaS）等方式，优化企业运营流程、降低运营风险、实现精细化管理，从而降低企业成本、提高企业收入、助力企业成长的服务方式。

按照我国对气象服务的划分习惯，气象服务一般可以分为三类：公众气象服务、专业气象服务和决策气象服务。"企业级气象服务"（To B）在从服务技术的角度来看和"专业气象服务"类似，主要有以下几个特点：

首先，从服务内容上看，企业级气象服务是高度定制化、针对性、个性化，是基于生产管理场景并深度融合到生产管理场景的决策或行动中的服务；

第二，从服务产品上看，"专业气象服务"以数据产品为主，平台产品较少，深度整合应用场景的平台更少，而大部分To B服务产品为深度整合应用场景、高度信息化的软件及平台；

第三，从服务关系上看，企业级气象服务面向大中小各类企业经营主体，其自身也是企业化运作，因此，需要按照市场关系考虑客户合作关系、成本效益核算、明确定价机制，必须优化商业模式解决自身运营。

参考欧美国家气象产业的发展历程，企业级气象服务在整个气象服务的市场份额中占比超过七成，发展企业级气象服务，对于助推相关行业企业进行供给侧结构性改革、通过科学技术赋能产业创新，具有至关重要的意义，同时对于推动我国气象服务产业化进程发挥着不可或缺的作用。

二、企业级气象服务主要进展

2015年《气象信息服务管理办法》施行以来，气象信息服务市场不断开放，气象信息服务市场主体更加多元。企业级气象服务的社会贡献力不断提升、新技术应用不断深入、行业生态不断优化、国际影响力逐渐显现，整体呈现出较为良好的发展势头。

（一）社会贡献力不断提升

随着社会经济不断发展进步，行业企业为提高精细化运营降本增效，在气候资源开发利用、气象灾害防控、天气风险管理、天气影响因素分析等方面需求日益强烈。近年来，企业级气象服务蓬勃发展，政府气象部门和气象企业，通过提供针对性的专业气象服务产品，已在交通、航空、农业、旅游、民航、水文、能源电力等行业发展中起到了不可或缺的作用。例如北京玖天气象科技有限公司为国家电网北京电力公司搭建精细化运营气象服务平台，提升了电网运营管理和灾害性天气风险应对能力，有效保障了北京地区供电安全和生产安全；北京心中有数科技有限公司（Kuweather）利用国家气象信息中心的气象数据产品，与百度（Baidu）合作推出了全国高速公路路面气象预报，提升了百度地图导航和交通研判等功能的科技含量和应用效果。

（二）新技术应用不断深入

随着大数据、人工智能等信息化技术手段的不断进步，大大提升了企业级气象服务的应用效果。例如天津瞰天科技有限公司利用物联网气象观测站帮助陕西苹果气象台提升监测水平；浙江省气象局与海康威视数字技术有限公司合作开展的"天脸识别"项目，基于图像及高清视频特别是社会化视频资源，利用人工智能和深度学习等技术，开展天气现象、云、能见度等多种气象要素的实时智能观测；重庆市气象局与百度智能云合作的"天资"智能预报系统利用百度飞桨（Paddle）深度学习平台，将0～2小时的"短临"天气预报准确率提升了40%；北京心知天气有限公司通过和小米音箱合作，通过自然语言处理（NLP）技术建立与用户的实时互动接口，完善天气信息的个性化和智能化服务。

（三）行业生态不断优化

2015年中国气象服务协会（CMSA）成立以来，气象服务行业生态不断优化，主要表现在三个方面：一是随着农业、水利、交通、电力、铁路等行业布局变化和国企改革，专业气象服务的对象，从单纯的政府部门逐渐扩大到了国有企业、私营企业等各种类型的经营主体，气象服务的形态更加多样化；二是由于气象数据的开放共享机制，各类大中小企业、组织和个人都可以通过气象数据API等方式获得气象数据的支持，利用气象数据开展精细化的加工，形成多元的服务产品；三是政府创投引导资金和专注To B领域社会资本，对于企业级气象服务公司都保持了一定的关注，据不完全统计，2011年以来墨迹天气、象辑天气等各类气象创业公司共吸引政府和社会投资超过10亿元，气象服务社会管理、市场评价标准等也在逐步走向完善。

（四）国际影响力逐渐显现

2018年6月10日，习近平总书记在上海合作组织青岛峰会上承诺："中方愿利用风云二号气象卫星为各方提供气象服务"，随后又在多个国际场合提出，要共建"一带一路"空间信息走廊，推动中国气象遥感卫星技术服务阿拉伯和非洲等国家，提升防灾减灾和应对气候变化能力。2018年中国气象局正式挂牌"世界气象中心（WMC）"，标志着全球气象业务建设的正式启动。近两年来，配合"一带一路"倡议的推进和国企"走出去"的巨大需求，中国气象服务的国际影响力逐渐显现：上海市气象局等多家单位成立国有控股的混合所有制远洋气象导航服务公司，2019年自主研发的远洋气象导航系统成功上线，已在中国远洋海运集团、招商局集团、中国交通建设集团等在内的各类商船、工程船中应用；彩云天气利用美国、日本、韩国、意大利和英国的雷达数据，推出了针对海外国家的精细化短临天气预报，在2019年国际消费类电子产品展览会（CES）上，直接和国际相关产品在国际市场上竞争。

三、企业级气象服务存在问题

总体来说，我国企业级气象服务方兴未艾，具有巨大的增长潜力和良好的发展前景，要实现企业级气象服务长足发展还需要解决以下五个方面的问题。

（一）企业级气象服务顶层设计尚需加强

从气象行业的定位来看，我国气象事业是基础性、科技型公益性事业，气象服务作为公共服务向社会提供，注重气象服务整体的经济效益，而微观的气象服务的商业价值则相对弱化，尚无专门负责To B气象服务的岗位和相应的政府管理部门。

从气象行业发展的整体布局来看，政府气象部门和企业气象部门、国家级气象部门和省级气象部门，在提供和支撑企业级气象服务中的作用，尚需要统筹布局、协同合作，在利用体制机制优势的同时，充分发挥市场在资源配置中的作用，才有可能在国际气象服务市场上有立足之地。

从具体领域来看，面向专业行业的气象探测装备制造、气象服务核心产品和服务平台开发等环节缺乏统一设计、相互割裂。以航空气象服务为例，20世纪末世界气象组织、国际民航组织，以及美国"下一代航空运输系统（NextGen）"和欧洲"单一天空项目（SES）"等，对航空气象技术发展进行了一体化布局。而我国目前航空气象装备制造、航空气象技术研发、航空气象服务保障核心技术自主研发能力发展不足，各业务环节业务和技术标准不统一，制约了我国航空气象服务技术能力的发展。

（二）企业级气象服务核心科技尚不能满足需求

一是面向不同行业领域的气象观测系统发展滞后，各类型气象数据汇交不够及时充分，只是在做部门内多源气象观测资料的融合，并未实现与用户信息、环境信息、地理位置信息、设备设施信息等大数据的融合，对各类型社会大数据的挖掘、分析、质控、融合、应用能力不足。以铁路气象服务为例，目前铁路系统各分局、分公司建设了自己的气象观测保障体系，但是缺乏与气象体系相结合，气象资料没有按照《气象法》的要求进行汇交，因此无法在观测的基础上实现精细化的短临预报服务。

二是对气象对行业企业的影响机制机理研究深入不足，卫星、雷达、数值预报等核心气象科技对企业级服务的支撑不足，数据平台"不敢开放、不愿接入、不会融入、不好应用"，技术导向型气象服务企业较少。而在美国，IBM通过自主研发全球高分辨率大气预报系统（GRAF）等方式，利用高效一体化的专业气象服务支撑平台，实现了基于多源资料融合、精细化预报预警和长期天气预报的商业天气服务能力。

三是对服务对象的需求理解不够，对行业用户的生产模式、行为特征、关注重点、发展理念等不了解、不关注、不关心，做孤立的气象服务业务系统，与用户已有的生产调度系统对接不畅，甚至处于物理隔离状态，有时存在就需求谈需求的现象，辨别"伪需求"、挖掘"真需求"本领还需要加强，面向不同行业企业及不同应用场景的融合式、创新式服务尚需进一步探索。

（三）企业级气象服务商业模式和运营模式尚未成熟

企业级气象服务商业模式和运营模式尚未成熟，适应不同行业企业运营方式的多元化气象服务商业模式尚未建立。

首先，由于"企业级气象服务"的商业模式基于高科技附加值，但气象服务的定价机制、经济效益等气象经济学领域的研究尚待深入，气象服务的成本和效益无法精确计算，目前气象服务科技附加值偏低。

第二，市场拓展和营销手段较为单一，不擅长运用商业思维、互联网思维、金融思维和企业客户建立合作伙伴关系及协同发展机制。通过气象技术赋能企业，定量节约成本、提高收益、降低风险，实现双赢，尚未从逻辑和技术可行性，走向实践和应用的现实。

第三，尚未充分调动各类气象爱好者、志愿者、信息员等社会资源，品牌建设和品牌营销水平尚需提高，品牌辨识度和品牌特色不够突出，"讲好气象企业级服务的故事"的能力尚需加强。

（四）企业级气象服务的行业覆盖面较为有限

传统专业气象服务的行业覆盖面较为有限，以农林、水利、电力、铁路、公路等行业为主。但其实对于很多气象密切相关行业的大中小企业，物流及出行领域、休闲旅游体育产业、餐饮和零售业、工程建筑业等，其行业数量庞大，都可以借力气象大数据完成管理升级、流程再造、服务创新和产业升级。在气象市场较为发达的国家，企业级气象服务的市场约占气象市场总体的七成以上，服务客户遍及多个行业。例如，IBM旗下美国天气公司（The Weather Company）为航空、能源、传媒、化学工业、交通运输、保险业、零售业和电信业的数十万家企业开展服务；日本天气新闻公司（WNI）的服务客户主要集中在船运、渔业、能源、航空、交通、物流、建筑业、体育行业、旅游业、农业等行业；此外还有为数众多的小型商业气象服务公司专门针对某个具体行业开展服务，例如Planalytics专门针对零售业开展天气服务和咨询等。与此同时，随着气象服务市场的开放，新兴气象服务主体在制造业、零售业、物流业等领域开展了有益的探索，气象服务产业生态不断完善。

（五）人才队伍及市场教育培训支撑不足

目前，企业级气象服务人才面临着质和量的缺口。企业级气象服务是需要深厚理论背景的应用型交叉学科，涉及理学、工学、社会科学、管理科学的多学科、跨领域交叉融合，需要特殊的复合型、应用型人才，除了懂气象预报、懂气象服务，还需要懂客户、懂市场，具备市场化运作和商业谈判的能力。按照未来气象服务产业发展规模，气象服务人才队伍总量不足，高校专业与学科设置与气象服务发展实际需求不相匹配，气象服务人才保障机制不健全，资金和科技资源不够集约，职称评定和岗位培训制度尚需完善，事业单位专业气象服务的发展活力和积极性尚未有效激发，企业气象人才的继续教育和职业发展平台尚未健全。

对于企业级服务来说，长期稳定的服务客户关系非常重要。企业级服务的商业模式成立的基础就是要求合作周期和续费率，一次性服务成本非常高，边际成本低，因此企业级气象服务商必须通过优势核心技术和先进服务理念，建立和服务对象的长期战略合作伙伴关系，建立协同共赢的发展机制，通过不断深化市场教育，在企业客户能够理解气象信息价值和应用方式的基础上，建立利用气象信息防控风险、精细化运营的价值观和行为模式，然而目前相关的教育培训开展较少。

四、企业级气象服务发展主要路径

当前的新形势新需求，要求企业级气象服务必须实现融合式发展，通过专业观测融合、应用软件融合、系统平台融合、专业团队融合、发展机制融合、产业布局融合，推动专业气象服务高水平高质量发展。

（一）气象探测设备服务（IaaS）——观测共建共用

过去，大多数企业出于安全等方面的考虑，通过购买硬件设备方式运营，由于设备作为固定资产投入，设备产生的数据被作为重要资源，容易形成"数据孤岛"，在一定程度上阻碍了数据的共享共通。未来社会化气象观测、智能物联网观测将成为气象观测的发展趋势，促进硬件共建共享，推动气象观测数据通过流动、汇聚、分析和再加工产生价值，最终形成多方共赢的良性循环。其在气象服务中的表现形式可以包括以下几种。

一是通过气象志愿者自己购买、建立私人气象站，气象服务提供商提供设备服务、社群服务和科普服务，例如美国Wunderground网站汇集了全球25万个私人气象站的观测数据，成为其重要的商业资源。

二是建立校园气象站网数据，例如台北市校园数位气象网，自2003年规划建设，目前台北市平均每4.5千米设立一个气象观测站，每5分钟可自动接收来自各中小学校的气象数据资料，气象服务提供商提供设备服务、网站平台服务及数据服务。

三是企业自采气象数据，公路、铁路、石油、电力、水利、水文等部门的相关气象、水文及环境探测资料，同时具有科研价值和商业价值。根据《气象法》和《气象探测资料汇交管理办法》，从事气象探测的单位、组织和个人，应当向气象主管机构汇交所获得的气象探测资料，获得使用权及相关商业保护。例如松下气象公司开展的通过机载观测设备收集的TAMDAR航空气象观测，WNI通过商业小卫星开展的北极温度及积冰观测等。

四是气象探测设备服务商数据汇集气象数据，"观测为王"等多种形式，例如Bloomsky通过提供私人气象站观测及通信设备，收集相关观测资料，并通过这些独家观测资料应用人工智能技术开展精细化预报和服务。

（二）气象数据服务（DaaS）——大数据融合共享

数据是国家基础性战略资源，在"万物皆数、万物互联"的时代，数据安全、深度、灵活的融合，是企业级气象服务的基础。必须借助企业信息化进程，打通壁垒，在智慧气象和气象大数据应用中，解决数据质量问题、数据敏感问题和数据孤岛问题等限制气象企业级服务商业模式的瓶颈。例如，国家电网提出了建立"泛在物联网"，全方位对电网运行状态、客户用电等进行实时监测、预警、分析等，开展了"天地网"融合研究，电网运营气象服务必须基于"天地网"开展。

对于企业级气象服务来说，大数据融合主要包括三个层面。

一是历史数据开放分析。为了解不同天气要素在不同行业、不同应用场景下产生的影响，需要开展大量的基础研究工作，这些工作必须基于行业企业运营的历史数据资料，如何获取足够多的历史资料，同时保证企业信息安全和商务安全，是企业级气象服务面临的考验。

二是实况数据实时监测。设施状态全面感知、运营信息动态监控、地理信息跟踪定位等多元信息，对企业级气象服务大数据处理的计算能力和计算效率提出了要求。

三是精细化影响预报。企业精细化管理需要精细精准气象灾害评估数据和预报预警数据，卫星、雷达、地面气象站、企业或行业气象观测数据等多源观测资料融合是提高气象灾害评估论证和预报预警能力的重要手段。基于影响的气象灾害预警需要气象预报数据、服务对象设施信息、承灾能力、环境特征、避险决策等信息融合，才能实现快速精准预警。

（三）气象软件服务（SaaS）——对接企业运营管理平台

在供给侧结构性改革的大背景下，企业利用大数据、人工智能、云计算等技术进行数字化精细管理已成为必然趋势，企业内部的IT系统和面向外部的数字化渠道和服务架构都在不断提升，大部分企业具备多个运营管理平台。

对于气象软件服务（SaaS）提供商来说，首先，在综合收集调用企业各平台、各类型信息的基础上，需要搭建与企业客户各应用场景和业务环节对接融合的、高效处理、人机交互的智慧服务系统，才能充分挖掘数据价值。

例如在防御气象灾害保障安全生产方面，针对公众的预警产品和基于免费的预报数据建立的预警信息在时效性、准确性上不能满足要求，需要专业的快速融合预报和实况分析系统，并且需要建立综合考虑气象预报数据误差、服务对象设施信息、承灾能力、环境特征、避险决策等因素的快速预警模型，才能实现快速精准的基于影响的预报预警。针对企业风险管理和效益提升需求，需要定制开发满足建设、运维、效益管理等不同应用场景的服务产品，建立联动响应的服务模式，实现业务融合。

最后在软件产品成型之后，To B气象服务提供商还需要持续监测产品使用状况，需要复杂的测试流程来提升To B产品的用户体验，对软件环节功能进行进一步的完善打磨，整个从售前到售后各个环节的服务体系，保障气象服务软件和企业经营生产的融合。在针对极端强天气过程时，气象软件服务商还需要提供专家现场服务，因此，是否有过硬的专家咨询、专业服务和用户培训，也是决定To B产品对企业能否真正发挥作用的关键。

（四）气象平台服务（PaaS）——优化行业发展

目前，从产业生态上看，我国企业级气象服务产业缺少统一灵活的服务支撑平台，针对不同行业、不同企业的气象服务平台各自独立开发，资源不能共用、风险无法共担、技术缺少共享。从事企业级气象服务中小企业能够得到的基础支撑偏弱，整体呈现出小、低、散状态，制约了专业气象服务水平和质量的进一步提升。

因此迫切需要气象服务平台提供商（Platform-as-a-Service），作为行业服务中的一种形态提供各种开发和分发应用的解决方案，提供高性能计算资源、存储资源、模式资源、算法资源、商业案例资源等服务，例如专业气象观测运维系统、气象服务产品研发系统、气象服务产品制作系统和气象信息发布平台等。

一般来讲，PaaS的出现可以加快SaaS的发展。对于企业级气象服务来说，共享资源可以节省硬件成本，同时加快气象服务软件研发速度。气象服务平台提供商对外提供的服务需要强大而稳定的基础运营平台，以及专业的技术支持队伍。这种"平台级"服务能够保证支撑SaaS或其他软件服务提供商各种应用系统长时间、稳定的运行。PaaS的实质是将互联网的资源服务化为可编程接口，为第三方开发者提供有商业价值的资源和服务平台。

PaaS能将现有各种业务能力进行整合，具体可以归类为应用服务器、业务能力接入、业务引擎、业务开放平台，向下根据业务能力需要测算基础服务能力，通过IaaS提供的API调用硬件资源，向上提供业务调度中心服务，实时监控平台的各种资源，并将这些资源通过API开放给SaaS用户。

五、结语

我国进入社会经济发展的新常态以来，为深化经济体制改革，迫切需要利用互联网、大数据、信息化等技术，提高社会生产率和产业附加值，推动产业结构全面转型升级。为此实施的网络强国战略、"互联网+"行动计划、国家大数据战略，加快建设智能制造工程、"中国制造2025"等一系列重大政策举措，蕴藏科学技术作为第一生产力的巨大潜能和经济发展、社会变革的巨大动力。中国气象服务协会2015年度产业报告显示，目前中国气象服务年收入约100亿元，未来10年中国气象服务产业规模将达到3000亿元人民币。据称，欧洲气象服务的年产值约为6000亿美元，美国约为每年4000亿美元。因此，长期来看，企业级气象服务具有可持续的发展潜力。

对于气象服务行业，要落实创新驱动发展战略，通过云计算、大数据、人工智能等技术赋能气象大数据，深入各行各业服务企业安全生产和提质增效，需要提升气象服务产业链水平，注重利用技术创新和规模效应形成新的竞争优势，培育和发展新的产业集群，促进新技术、新组织形式、新产业集群形成和发展，除了进一步提升核心科技、打磨商业模式之外，更需要专业人才支撑、体制机制保障、顶层设计谋划。

中国有庞大的企业用户，中国工商登记的企业数量近3000万家，使高科技的气象信息服务能够惠及更多的大中小企业，为中国企业转变发展方式，"向技术求增长、向管理求效益"，是新形势下深化气象服务供给侧改革的宗旨。气象平台服务做精做大做强，气象软件服务对接应用场景和具体需求百花齐放，共同助推气象服务能力与水平再上新台阶，化解社会上无限需求与当前有限服务能力的矛盾。

参考文献

崔新强，2003. 我国专业气象服务业发展问题与应对策略研究 [J]. 暴雨灾害，22（1）：37-39.

高学浩，黄秋菊，辛源，2018. 气象经济学基本问题研究进展与学科前景展望 [J]. 阅江学刊（1）：106-117.

龚勇，陈亚滨，张林，2005. 全球信息网格体系结构与企业级服务分析 [J]. 现代电子技术（8）：12-14，17.

黄小彦，2006. 商业气象服务模式研究 [D]. 武汉：华中科技大学.

黄宗捷，2000. 专业气象服务市场及营销策略研究 [J]. 成都信息工程学院学报，15（2）：101-106.

金碚，李佩钰，冯玉明，2003. 中国企业竞争力报告（2003）［M］. 北京：社会科学文献出版社.

孙健，潘进军，裴顺强，等，2017. 发挥引领作用　推进国家级气象服务业务现代化［J］. 气象科技进
　　展（1）：197-201.

孙健，屈雅，王昕，等，2017. 天气+，创造新气象服务时代［M］. 北京：气象出版社.

万宝林，1986. 日本的专业气象服务和日本气象协会［J］. 气象与环境学报，2（3）：49-50.

王众托，2000. 信息化与管理变革［J］. 管理科学学报（2）：1-8.

王卓妮，石长慧，2016. 气象科技服务发展的问题与对策［J］. 农业与技术，36（7）：158-161.

吴先华，吴优，罗慧，等，2010. 气象经济学［M］. 北京：气象出版社.

吴向阳，2007. 气象经济学研究综述［J］. 气象与环境科学，30（2）：76-79.

游文丽，王彤，2003. 对我国企业信息化管理现状的思考［J］. 商业研究（2）：24-26.

于波，李平华，2009. 气象经济学研究对象及气象服务特征分析［J］. 气象与环境科学，32（1）：
　　22-28.

张进，李超，刘孙俊，等，2011. 基于企业级地理信息系统服务平台的气象信息检索平台的设计与实现
　　［J］. 成都信息工程学院学报，26（3）：348-352.

中国气象服务协会，2018. 释放气象资源活力——中国气象服务产业发展报告（2017）［M］. 北京：气
　　象出版社.

国有气象企业子公司管理中的
难点问题及对策建议

易 昕

（华风气象传媒集团有限责任公司，北京 100081）

党的十八大以来，以习近平同志为核心的党中央立足当前我国经济发展与国有企业（简称"国企"）改革的现状，在促进国有资本增值、优化国有资本布局、规范国有资本运作方面出台了很多相关政策。国有气象企业是中国气象事业的重要组成部分、重要实现途径和重要保障力量。本文以华风气象传媒集团有限责任公司（简称"华风集团"）的改革实践为例，重点分析了在改革中遇到的难点问题，在改革探索中围绕以管资本为主推出一系列改革措施，不断积极推进企业改革步伐。

一、国有企业改革的新要求

2015年9月《中共中央、国务院关于深化国有企业改革的指导意见》的发布标志着国务院国资委向以管资本为主的职能转变，在国企分类改革的基础上，改革国有资本授权经营体制，推动国有资本合理流动优化配置，发展混合所有制经济，完善国有资产管理体制。

国务院国资委秘书长彭华岗分享了对国资国企改革的三点体会。第一，以管资本为主，这是完善国资国企体制的重大改革举措。党的十八届三中全会以来，国企改革主要聚焦于五个问题：体制、机制、结构、监督和党建，而体制是最重要的问题。第二，以管资本为主，不仅是体现在国资委国家出资的企业层面，还体现在国家出资企业与所出资企业层面，建立国有资本投资公司和国有资本运营公司有利于真正实现以管资本为主。第三，管资本为主的改革需要和构建现代化经济体系齐头并进。

2019年4月，为落实十九大和十九届二中、三中全会精神，作出的"以管资本为主加强国有资产监管，切实转变出资人代表机构职能和履职方式，实现授权与监管相结合、放活与管好相统一"等系列部署《改革国有资本授权经营体制方案》正式出台，并提出了具体要求。一是明确授权是为了提高国有资本的投资收益和运营效率。二是依据股权关系合理界定政府公共管理职能和作为国有企业出资人的权利边界，通过发挥董事作用等方式优化出资人履职方式。三是加强企业行权能力建设，确保各项授权放权稳定交接和充分行使。四是建立相对应的财务和法律制度，划定对投资、运营公司授权和未授权的内容、范围、依法依规建立和完善出资人监管权力和责任清单。促进有法律可依的代理关系形成。

二、国有气象企业子公司的特点

国有气象企业是中国气象事业的重要组成部分、重要实现途径和重要保障力量。从国有气象企业发展现状并结合华风气象传媒集团有限责任公司的实践情况来看，存在以下几个特点。

（一）子公司类型多、涉足领域广

截至2018年底，华风集团拥有二级子公司13个。按照股份占比情况，主要包括全资子公司、控股子公司以及参股子公司。按照服务对象划分，包括公众气象服务、专业气象信息服务。按照行业交叉划分，涉及新媒体、影视、行业服务、产业园经营、宾馆招待所等。

（二）子公司规模较小、核心竞争力较弱

从近年来，从子公司的发展来看，公司规模较小。尤其是从事行业气象服务的子公司，从业人员超过百人的不多。虽然气象服务的业务发展范围较广泛，但从经济效益及市场口碑检验来看，能够提供针对性、专业性气象服务的子公司并不多。普遍存在缺乏独立核心技术、在市场上与同类公司相比竞争力相对较弱、市场占有率较低的现象。

（三）子公司商业属性和公益属性界定不清晰

受到气象服务产品性质存在公益和商业二重性的影响，部分子公司在商业运作的同时，仍然承担着大量社会公益事业业务，包括对外公众气象服务、宣传普及等，相应增加了企业成本，导致利润减少，企业资源占用较大。

三、子公司管理中存在的主要问题

集团公司对子公司的管控不仅涉及宏观战略发展、资本回报、产业协调等层面，也涉及微观层面，需要采取直接或间接的方式协调、管控下属子公司和子公司之间的业务内容。在统一业务布局规划、战略目标达到、业务沟通协调等方面还有很多不足。

集团公司对子公司的管理，缺乏一套制度平台。前期缺乏对各子公司未来发展战略的规划布局，子公司在KPI的压力下开展混乱无序业务经营、各自为战，集团层面在协调处理内部业务交叉等问题上耗时耗力。

集团功能未充分发挥。集团公司在前期的多元化发展中战略目标不够清晰，导致子公司众多，业务范围涉及庞杂、交叉经营问题频发，机构层级重重叠叠，直接导致了集团管理作用的发挥不畅。

集团与子公司之间所有权和经营权分离，产生母、子公司信息不对称问题、激励效用难以得到充分发挥等问题。

四、对策建议

（一）管理原则

（1）按经营业务范围划分子公司类别，明确企业商业资本职能。国有资本的本然属性要求其实现自身价值增值。根据国企的战略定位和发展目标，可将子公司界定为偏商业类和偏公益类，对于不同类别子公司，其考量业绩指标须参考资本增值和服务社会等多个维度。

（2）发挥国有属性优势，提高国有资本总体回报。习总书记在多次讲话中强调要提高国有资本的资本回报，明确指出资本运营公司主要以提高国有资本回报为目标。在尊重市场规律的基础上，规划明确投资方向，以中长期资本回报最大化为导向。

（3）处置低效无效资产，提高国有资本配置效率。资本运动速度的快慢，决定了其在一定时期内增值量的多少，加快国有资本的流动速度对于增加资本增值额有重要意义。按照"扭亏为盈、化解过剩产能、处置'僵尸企业'"的明确目标，要完善国资优胜劣汰的市场化退出机制，抓紧处置"僵尸"企业、长期亏损的子公司和低效无效资产。国有企业可通过联合、兼并、破产、出租等多种产权交易方式，打造流动的资本进退体系，实现国有资本流转和退出的常态化，从而退出落后产业、淘汰劣势子公司，及时优化投资组合和资本形态。

（二）管理方式

1. 明确公司治理结构

集团公司明确不同类型子公司的治理结构是提高管控效率的基础。对于全资子公司以及具有绝对控制权的子公司，可以按照业务经营单元实行直接管理、简化治理结构、压缩管理层级、采取扁平化管理。精简股东会、董事会、监事会机构，将相同或类似业务单元职能实行统一或集中管理。对于参股子公司、混合所有制的子公司，一般无法实行直接管理，可通过股东会、董事会、派出高管等方式间接实现。集团公司要以建立相应完善的决策机制、汇报机制、监督机制作为提高治理能力的重要支撑。

新时代管资本为主，主要是指以资本经营和运作为主要手段，以资本保值增值为主要的出发点和落脚点，对企业经营者选聘、资本投资方向、资本收益等重大事项进行制度干预。集团公司应当进一步统一对于"管资本为主"内涵的认知思想，结合子公司实际情况，明确以管资本为主究竟要管什么以及如何管理等具体问题。

2. 厘清子公司公益服务属性与商业属性

公共气象服务供给的市场化即是合理运用市场机制，充分发挥市场配置资源的决定性作用，以市场的力量矫正公共气象服务供给要素配置扭曲现象，扩大公共气象服务的有效供给。在此过程中，以气象部门为主的政府部门需逐步厘清自身在公共气象服务供给中的角色与职责，改变过去公共气象服务中政府部门集生产者、安排者乃至消费者于一身的角色混乱现象，将归属于市场承接的职能从政府剥离，以实现"政府的归政府、市场的归市场"的公共气象服务供给格局。

3. 汲取民营企业改革实践经验，有助于推进国企改革

借鉴优秀的民营企业的改革经验，如华为公司的改革模式，做强做大做优国有企业。华为的以按劳分配为主，兼顾按资分配的薪酬制度，有助于充分调动员工工作的积极性，将企业和员工结合形成一个命运共同体，将国有企业职工的报酬与个人业绩相结合，甚至对具有重大贡献的职工给予额外奖金或特殊报酬，例如虚拟股份等。

4. 精简集团职能部门，提高管理效率

行政管理是企业的中枢神经，工作质量直接关系到企业运行的效率。华风集团2018年以来，针对企业自身情况，量体裁衣，提出了明确的改革目标，精简了职能部门，使得全员提高工作效率，同时还根据各部门职责特点制定了有效的激励措施。

5. 优化子公司发展战略布局

集团公司需要自上而下及自下而上地完成业务顶层设计布局，在考虑子公司个体最优、差异化发展的前提下明确界定各子公司未来发展方向及相关行业，实现以重点带动全局，发挥整体优势、实现整体利益最大化，促进各个业务单元之间的战略协同、资源整合。

（三）出台相应的政策制度保障

1. 提升集团的企业治理水平

引入分类治理，根据企业的不同属性分别制定管理政策和考核方式，实行精细化分类治理、分类发展、分类监督和分类考核，提高国有企业改革的针对性、监管的有效性和考核的科学性。

2. 财务管理及预算目标管理

子公司的财务权集中由集团统一管理。集团集中控制和管理全资及控股子公司的内部经营和财务，做出相应的财务决策，子公司必须执行集团公司的决策，子公司只负责短期的财务规划和日常经营管理。管理内容可以包括：统一资本增减变动管理，统一对外投资管理，统一对外筹资、融资、对外担保管理，重大资产处置、资金筹措、收支和其他重要资产的调配管理和财务负责人的任免权。由集团统一组织编制子公司年度预算，子公司在集团下达的总体目标和经营指标的基础上，制定相应预算，在集团统筹总体预算下批准实施。根据年度预算和短期经营决策，由集团提出经营目标，作为绩效考核依据，下达执行并追踪考核。

3. 加快国企职业经理人制度

实行选聘制，引入竞争、更新和淘汰机制，促使官员化的经理人走向职业化，使其价值通过企业经营业绩来体现。集团公司人事部门对进入市场的经理人主要考察职业道德水准，社会中介机构对经理人的能力、业绩考核分析，供企业择优录用。目前来看，资本运营公司和投资公司等领导人大部分应由行政任命，企业层面的高管应实行职业经理人制度，市场选聘和退出。职业经理人和出资人是双向选择，双方都可以按照自己的意愿选择对方，因此，出资人可以解聘职业经理人，职业经理人也可以自由流动。完善激励和约束制度。激励机制的建立与完善主要体现物质利益和经济人原则。激励手段重点在体现经济人要求，包括：工资、奖金、年薪、职务消费等。

参考文献

李虎平，徐文文，2019．新一轮国企改革的着力点：划分国企的商业属性和公益属性［J］．濮阳职业技术学院学报 （7）：42-49．

廖红伟，2018．以管资本为主推进国有企业改革——新时代深化国资国企改革研讨会综述［J］．社会科学动态（6）：127-128．

彭华岗，2019．从体制、机制、结构层面看国资国企改革的进展［J］．经济导刊（7）：54-58．

宋方敏，2018．论"国有企业做强做优做大"和"国有资本做强做优做大"的一致性［J］．政治经济学评论（2）：3-15．

王宏波，曹睿，李天姿，2019．中国国有资本做强做优做大方略探析［J］．上海经济研究（7）：12-13．

叶芬梅，陈琦，卢维洁，2019．公共气象服务供给侧结构性改革：一种"权—责—利"框架分析［J］．绿色科技（7）：273-280．

张炜全，2019．国有企业集团差异化管控体系建设研究［J］．中国管理信息化（8）：87-88．

气象服务与地方融合发展路径研究

张玉成

（黑龙江省牡丹江市气象局，牡丹江 157000）

新时期经济社会对气象服务的需求越来越旺盛，在多样性、个性化需求趋势推动下，气象与地方融合进步，同步推进高质量发展将成为必然。该研究从气象服务的全链条设计理论开始，阐述了气象服务融入地方发展的现状、问题和趋势，提出了气象服务与地方融合发展的路径和方向，给出了建议。

气象工作主要是为经济建设、国防建设、社会发展和社会公众的日常生活提供公益服务，为政府应急抢险、防御和减轻气象灾害损失、应对气候变化等提供决策依据。气象服务的能力和水平，某种程度上决定着地方的科技发展能力和经济社会的发展水平。本文拟研究气象服务从收入到产出的种类及生产、提供方式出发，应用新公共管理理论、新公共服务理论、经济理论，对比分析气象服务能力和公共气象服务产品的发展现状及未来趋势，阐述气象服务的内涵，对焦气象服务能力和供给和地方经济发展不相适应的问题，提出气象服务融入地方发展的思路。

一、融合理论提出以及气象服务全链条设计

（一）信息融合与产业融合理论的提出

20世纪70年代初首先在军事领域产生了"数据融合"概念，即把多种传感器获得的数据进行"融合处理"（潘泉，2012），以得到比单一传感器更加准确和有用的信息，之后，基于多源信息综合意义的"融合"一词出现于各类技术文献中，逐渐地这一概念不断扩展。早期的产业融合研究集中在技术革新基础上的计算、印刷、广播等产业的交叉和融合（胡汉辉，2003）。植草益（2001）在对信息通信业的产业融合进行研究后指出，不仅信息通信业，实际上，金融业、能源业、运输业（特别是物流）的产业融合也在加速进行之中。

马健（2002）在对西方产业融合的基本理论进行研究以后认为，产业融合较为准确和完整的涵义可表述为：由于技术进步和放松管制，发生在产业边界和交叉处的技术融合，改变了原有产业产品的特征和市场需求，导致产业的企业之间竞争合作关系发生改变，从而导致产业界限的模糊化甚至重划产业界限。而气象服务与地方发展的融合又是一个全新的融合领域，这既属于信息融合的一部分，也属于产业融合的一部分，这和气象学科是个交叉学科具有同等的属性。

（二）气象服务全链条的概念提出以及设计

链条一般为金属的链环或环形物，多用作机械传动、牵引。链条多比喻为环环相扣、紧密连接的物体。关于链条，有一种定律，生动地诠释了链条各环节之间相互作用、相互配合的重要性，这就是链条定律。链条各关节的强度直接影响到链条中各个产品的质量程度和经济效益。在这个链条中，最短的或最弱的那一部分决定着链条的强弱。将链条和链条定律应用于气象服务各环节，这是一种思维的转换，也是对气象服务模式和管理模式的升级再造。

传统气象服务模式是线性的，点对点，科技含量低，针对性差，各链节之间易脱节，投入的人力时间多、成本高，而效益还低。所以，设计系统化、全方位的气象管理与服务链条，实现气象工作的融入发展，才能实现气象价值最大化，打造气象服务产品的"组合牌"，气象服务才会有核心竞争力。气象服务的链条就是按照气象服务产品的生产过程，参照商品属性，设计从气象监测、气象预报、预警、评估、应急处置、服务与决策支撑、管理评价等全链条式的气象服务流程，从而提高气象服务的整体协作性，打通气象服务通道，强化产品链、服务链、信息链对接，加快培育气象服务发展新动能。通过将气象资源数据化、服务制度化、过程网络化、运营市场化，运用信息化模式，有效融合需方、供方、服务方三大主体，实现线上全流程气象服务。气象服务全链条设计见图1。

（三）气象服务全链条设计的前景

党的十九大把全面深化改革作为习近平新时代中国特色社会主义思想的重要内容，对经济、政治、文化、社会、生态文明和党的建设等各领域改革做出了全面部署。气象部门提出了在管理职责、业务发展、服务拓展、支撑保障四个方面存在的问题，也特别指出气象部门在研究型业务、拓展新服务领域方面存在问题。就目前来讲，气象部门尤其是基层气象部门气象预报准确率不能

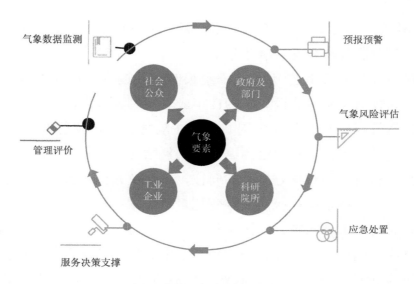

图1　气象服务全链条设计图

满足社会需求，气象服务产品老化单一，已经不能适应新时代经济社会发展需求。在乡村振兴、"一带一路"建设、军民融合、生态文明建设等方面，气象服务能力急需加强，需要按照创新思维设计全链条的气象服务流程和产品，同时研究出气象服务与地方政府融合发展的切入点和结合点。总之，开展气象服务全链条设计与地方融合发展研究，对于新时期不断提高气象科技支撑能力有着重要意义，对于基层气象服务未来发展方向有着重要意义。

二、气象服务与地方融入发展现状

（一）气象服务在经济社会发展中地位重要

气象与经济社会发展、气象与国家安全、气象与可持续发展等问题都应该围绕提高公共气象服务能力、更好地满足国家和社会公众需求来展开。我国是世界上自然灾害最严重的国家之一，气象灾害又占到各种自然灾害的半数以上，每年给人民生命财产造成巨大的损失。据统计，我国每年因各种气象灾害造成的农田受灾面积达数万公顷，受重大气象灾害影响人口达数亿人次。气象灾害造成的直接经济损失相当于的GDP的3%～6%（秦大河，2005）。准确、及时的天气预警预报产品、气候预测预估产品、气象资源开发利用产品以及防灾减灾气象服务产品，还有为农业、工矿、城建、交通运输、海洋开发、水利建设等提供的气象产品，在经济社会发展中地位越来越重要，发挥的作用也越来越明显。安徽农业大学在气象服务社会化研究中指出气象服务投入产出比逐年提高，2016年达到了1∶47～1∶51（鲍雅芳，2018）。

（二）气象服务融合发展潜势分析

我国的气象服务工作经历了一个漫长的发展过程，早在民国中期就提出过气象为工农牧渔业服务的设想。1912年成立中央观象台，1930年开始发布天气预报和台风警报，1944年，中国共产党在陕甘宁、晋冀鲁豫解放区建立了6个气象站，也是中国共产党建设的第一批气象站（邹竞蒙，1995），主要用于为抗战服务。随着人民对美好生活的向往，社会及人民对公共气象服务质量的要求也越来越高，特别是在应对气候变化、防灾减灾和公共气象服务"三农"等方面，政府前所未有的重视，国家和社会公众对公共气象服务的需求空前增长。如在气象基础业务、气象科技创新、水电气象、交通气象、风能太阳能资源调查、开发论证、烤烟气象、农业气候区划等方面，均提出了新的气象要求。气象服务不仅国内需求增长，国际需求也在增长，公共气象在应对气候变化、气象灾害防御和安全诸领域，日益受到国际社会共同关注，对公共气象服务的共同需求不断增加，合作日益加强。

（三）融合发展中气象服务供求矛盾的主要方面

我国气象服务能力不足方面的问题有气象科技业务发展层面的问题，也有服务的运行机制体制方面的问题，还有社会、经济、文化及社会公众认知方面的问题。主要体现在综合观测不能满足提高气象预报预测准确率的需要；气象对突发气象灾害的监测能力弱、预报时效短，预报准确率有待提高；气象灾害预警信息传播覆盖面不广，预警信息针对性、及时性不强；气候预测、气候变化评估也不能满足社会公众的需要；人工影响天气能力弱，气象灾害防御设施建设落后等。

（四）气象服务发展框架及方向

从气象服务的目标来看，WMO（世界气象组织）气象服务战略的两大目标聚焦于减轻灾害风险和提供公众服务两大方面（汤绪，2014）。未来气象服务的战略重点领域包括防灾减灾、公众服务、粮食安全服务、能源与环境质量、交通气象服务、城市气象服务、人的活动与健康、智能气象服务等应用气象服务领域。当今世界进入了新技术促进科学发展的时代，从气象服务的手段和途径来看，气象服务无论从服务范围、服务方式，还是服务手段，都发生了或正在发生着深刻的变化，综合化、社会化、科学化、计算机化是这一时期的显著特征。气象服务的有偿化、生产的企业化、运行的商业化，在世界范围内获得了长足发展,并成了一种不可逆转的趋势(何乃民,2015)。从气象服务的内容来看,针对不同需求,定制专业的气象服务,提供人工智能、互联网+、数字化气象、互动式的气象服务产品是气象服务发展过程中的瓶颈。从气象服务的形式来看,气象服务融入地方发展,应广泛利用融媒体,将气象信息植入地方产业的方方面面。

三、气象服务与地方政府融合发展思考

(一)气象服务与地方政府融合发展的动力模式

据统计,气象工作与经济社会和人民生产生活的近百个门类和行业相关,在经济社会发展领域,就包括公众气象服务、决策服务、重大活动保障服务、现代农业、航空、水文、交通、海洋、城市等气象服务(陆林,2013)。受区域文化、地理、资源、环境、制度等条件对区域融合发展的影响,气象服务能力和水平以及与地方的融合程度略有不同,但无论在何地,气象服务与地方产业的"两化融合"均可以起到1+1>2的效果。气象部门根据地方发展的方向和侧重点,气象服务与地方的融合发展具有多种路径,但主要应该从农业生产、信息化建设、工程技术、应急响应、政府绩效考核五个方面路径进行融合。融合应该按照上下联动、需求牵引、合力推进的模式进行。气象服务与地方融合动力模式见图2。

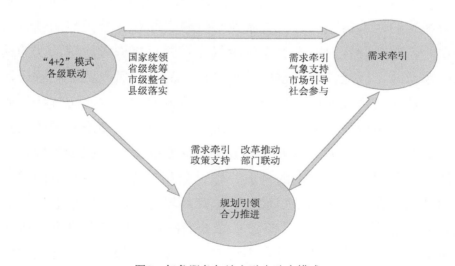

图2　气象服务与地方融合动力模式

（二）气象服务与地方政府融合发展的方向及路径

1. 深度融合农业生产

随着新技术、新品种、新装备在现代农业上的应用与发展，现行的农业气象业务、技术、服务和理念已不适应现代农业的发展。气象与农业融合重点应该围绕核心、中枢、拓展、方式四个关键词进行（王鹏云，2018）。核心就是需求型业务的建立，围绕现代农业品牌，对症下药，按需供给。中枢就是技术方法与模型指标的构建，这是预判、识别和控制的关键。拓展就是业务体系的延伸，将监测、预报、预警、信息发布，延伸至现代农业产业全生产链中。方式就是通过什么渠道和办法将气象现代化成果链接到现代农业产业链中。主要融合链条一是建立农业气象监测站网，二是通过试验、研究建立农业气象服务指标体系，三是结合指标自动提供气象预报服务产品，四是进行灾后影响评估及修正。

2. 信息跨界融合

当今，以云计算、大数据、物联网等为代表的新一代信息技术和产业创新日新月异，全球信息化进入全面渗透、跨界融合、加速创新、引领发展的新阶段。如果气象部门不能及时改进技术体系和业务体制，以适应新一代信息技术发展，则可能在国际竞争中落伍（周勇，2018）。气象服务信息融合的领域应该包括旅游领域、交通领域、健康医疗、保险领域等受气象因素敏感的行业和领域。融合主要是通过现代化的信息技术，运用"互联网+"技术开展融入式、交互式的气象信息融合。旅游业与气象之间存在着天然的耦合关系（李婧，2016），信息融合内容上考虑旅游气象资源直接构成旅游景观的基础，主要包括：像云海、极光、海市蜃楼等独具特色的自然风光的深度融合，景区最佳观赏期以及天气状况的旅游导向融合，为地方发展开发旅游气象气候资源融合等方面。交通领域对气象条件具有高敏感性，气象与交通领域的信息融合应围绕公众的交通出行、灾害性天气中气象交通职能提醒与强制管控、交通运输工具中能源的利用与二氧化碳的排放、建设交互式智能交通观测网等方面。健康医疗领域应该在数字化的医疗设备、医疗环境等方面，围绕医疗室的自然通风换气、自动加湿/雾化治疗设备、宜居养老医疗条件模型等方面构建数字医疗气象服务平台。保险领域应重点围绕农业气象灾害保险、交通气象灾害保险等方面既为保险用户也为保险公司设计气象服务保险产品。

3. 应急响应融合

在现代社会中，应急管理是指政府及其他公共机构在突发事件的事前预防、事发应对、事中处置和善后管理过程中，通过建立必要的应对机制，采取一系列必要措施，保障公众生命财产安全，促进社会和谐健康发展的有关活动（王海亮，2015）。我国应急管理体制采用的是统一领导、分级负责、综合协调、分类管理、属地管理为主的原则（何晨，2011）。国家对于应急管理工作高度重视，在组织上还成立了应急管理部，而作为应急管理中的重要组成部分，气象灾害造成的经济损失相当于国内生产总值的1%～3%，秦大河（2004）研究显示为3%～6%。面对气象灾害频发易发的趋势，气象灾害监测预警、防御和应急救援能力与经济社会发展和人民生命财产安全需求不相适应的矛盾日益突出，将气象应急管理融入地方应急管理尤为重要。刘晓艳（2009）运用应急管理理论，研究了我国气象灾害的应急现状，提出了构建郑州市气象灾害应急管理体系的建议。但是，气象应急工作还没有融入地方政府应急管理中，应从建设气象灾害预警工程体系、应急响应系统工程服务体系、气象灾害应急管理评价体系三个方面深度融合到地方应急管理中。

4. 与地方绩效考核融合

目标工作一向具有导向性，将气象工作正式纳入地方政府目标考核或绩效考核，可以把气象防灾减灾与政府利民富民紧密结合起来，可以使得气象工作深入融入地方经济社会整体工作，避免"单打独斗"，对于强化政府主导的气象灾害防御工作也至关重要，所以，气象工作与地方绩效考核深度融合，对于推动气象工作具有事半功倍的作用。气象工作融入地方政府考核的主要方面是气象防灾减灾，重点围绕基层气象灾害组织体系建设、气象灾害防御效果检验、防汛体系组织建设、气象灾害防御保障能力建设四个方面。在强化"政府主导、部门联动、社会参与"的基层组织体系建设上，要科学界定考核内容、引导多方参与气象灾害防御考核、探索多元应用评价结果的长效机制（李婧，2018），使考核更好地服务经济社会发展和气象作用发挥。

5. 与工程技术融合

现代的气象业务、技术、服务和理念已不适应现代经济社会的发展，气象服务真正落地生效，产生经济效益，就必须与工程技术领域相融合。将原有的固有的气象数据变成开放的衍生数据产品，融入具体的技术产业中，走融入式"数据+技术+产业—产品/工程应用"的路线，利用"市场化+专业化+职业化气象科技公司"，将数字化技术等智能气象元素融入产业来扩大气象服务的经济价值，重点围绕农业现代化工程技术、工业储运现代化技术、企业智能现代化工程技术、社会公众生活智能服务工程技术四个方面进行。如可以打造与手表厂商的融合，将气象监测与体温、运动数据、健康指标有效融合，提供健康参考。在融入农业气象工程技术方面，可以尝试通过互联网的云端建立能够自动快速汇总探测数据、预报数据并生成农业主体生产需求的农业气象灾害预报、预警、分析评估平台，自动判断、分析和制作能满足农业主体个性化服务的高水平的服务产品。2016年昆明农试站建立了山地农业精准智能灌溉技术。该技术基于物联网技术，根据大气—土壤—作物水分循环，通过分布在自由空间里的一组无线传感网络，协同完成对特定环境状况的感知，进行数据的采集、处理和传输，实时监测农田中的作物、土壤水分和环境气象信息，进行作物需水、土壤有效水分的分析诊断，借助无线控制系统，进行田间水肥一体化灌溉远程自动控制，实现定时、定量、按需地精准智能调控。

四、气象服务与地方政府融合发展的评价指标

（一）融合度的计算

关于产业融合度的计算，不同的学者有不同的方法。有一种是构建一个相关融合要素的矩阵，利用其相关系数作为融合系数，依据融合系数的变化特点计算融合度，这种方法同样适用于气象服务与地方融合发展的评价。

（二）融合指标体系

在研究气象服务全链条设计与地方融合发展上，应建立研究气象服务与地方发展融合度评价指标，重点从气象服务价值维度、气象服务产品的影响维度、气象服务开发维度三个维度进行研究，并确定各维度指标的融合系数。气象服务价值维度主要包括气象服务产品的丰富程度、气象服务产品的准确率、气象服务产品的连续性、气象服务产品的使用价值。气象服务产品的影响维度主要研究气象服务产品的知名度、气象服务产品的宣传程度、气象服务产品的使用频率。气象服务产品的开发维度包括气象服务产品的二次开发程度和气象服务保护程度。气象服务与地方融合度评价指标见表1。

（三）融合程度的分级

气象服务开发维度主要是气象服务产品的可拓展性，气象服务的融入性。研究各项指标的方法可以通过专家意见法、问卷调查法、量化指标考核法进行

表1　气象服务与地方融合度评价指标

子系统	评价维度	测度评价指标
气象服务资源	气象服务价值维度A1	气象服务产品准确率
		气象服务产品连续性
		气象服务产品丰富度
		气象服务产品使用价值
	气象服务影响维度A2	气象服务产品知名度与影响力
		气象服务产品宣传程度
		气象服务产品使用频率
	气象服务开发维度A3	气象服务产品的二次开发程度
		气象服务产品的保护程度

服务与发展水平方面指标的选取。为了更有效、更直观地反映气象服务与地方发展的融合水平，对融合发展水平进行等级划分，根据取值范围区间与单项最大融合度之间的关系，在参考其他学者研究基础上，将融合发展水平由低到高划分为：Ⅰ、Ⅱ、Ⅲ、Ⅳ、Ⅴ五个等级。根据各项融合度占比为融合度与最大融合度的百分比值，确定评定等级。

五、结论及建议

气象服务与地方发展有着天然的依附关系，气象服务与地方产业融合既是产业融合发展方向，也是跨学科间新的研究领域的开拓。气象服务的高质量发展离不开地方的大力支持，气象工作只有融入地方工作才会有旺盛的生命力。本文以气象服务的全链条设计与地方政府融合发展为导向，结合气象服务的实际，采用文献分析法和管理理论，对其融合发展过程中的融合发展路径、融合度评价与融合发展具体方向等方面进行研究，并在此基础上提出推进融合发展的实践路径和措施，同时也建议要建立"需求识别、标准化服务、沟通反馈、持续改进"的循环，从农业生产、信息化建设、工程技术、应急响应、政府绩效考核五个领域19方面，建立气象服务价值维度、气象服务产品的影响维度、气象服务开发维度三个维度的融合考核指标，推动气象工作与地方发展的高度融合。当然，由于气象与地方融合发展还处于起步阶段，相关研究成果较少，因此，气象服务与地方融合的方向、形式和内容需要进一步深入探讨。

参考文献

鲍雅芳，2018．气象社会化发展研究［D］．合肥：安徽农业大学：15-20．

何晨，2011．试论我国气象灾害防御的应急管理［J］．内蒙古气象（6）：100．

何乃民，2005．展望气象服务的发展方向［J］．黑龙江气象（2）:46．

胡汉辉，2003．产业融合理论以及对我国发展信息产业的启示［J］．中国工业经济（2）：23．

李婧，2016．"大旅游"时代背景下旅游与气象融合发展探析［J］．安徽农业科学，13：233-235．

刘晓艳，2009．郑州市气象灾害应急管理体系研究［D］．郑州：郑州大学．

陆林，2013．我国公共气象服务能力建设研究［D］．昆明：云南大学：4-5．

马健，2002．产业融合理论研究评述［J］．经济学动态（5）：78．

潘泉，2012．信息融合理论的基本方法与进展（Ⅱ）［J］．控制理论与应用，29（10）：1233．

秦大河，2005．中国气象事业发展战略研究［J］．地球科学进展，20（3）：269．

秦大河，2005．中国气象事业发展战略研究系列讲座形势分析［J］．地球科学进展，20（3）：269．

汤绪，2014．气象服务发展框架、方向与青年人的参与——基于WMO气象服务相关战略及计划的分析与思考［J］．气象，40（3）：262．

王海亮，2015．江西气象灾害防御政府考核的实践与探索［J］．北京农业（7）：74-75．

植草益，2001．信息通讯业的产业融合［J］．中国工业经济（2）．

周勇，2018．新一代信息技术对气象事业发展的影响［R］．气象软科学（3）．

业务服务篇

气象数据经济面临的问题和对策

朱定真

（中国气象局公共气象服务中心，北京 100081）

我国政府提出推动市场在资源配置中的决定性作用，全面升级我国市场经济体系的总体思路，对部门资源社会化提出了新的要求，这直接催生了我国气象服务体制重大变革。2014年10月，第六次全国气象服务会议召开，提出："深化气象服务体制改革，重要的是引入市场机制，打破垄断，构建主体多元的气象服务体系，使气象服务资源实现优化配置"，气象服务体制改革的目标是"构建中国特色现代气象服务体系"。2015年4月，中国气象服务协会成立，表明：中国气象服务的社会化、产业化发展已成为历史发展的必然。气象部门不再独家承担气象服务，而转向构建新型气象服务体制格局，特征体现为：政府主导、市场配置资源、社会多元主体参与。这样的转型和市场需求、强劲的社会力量介入，势必改变原有市场格局，起到激活市场的作用。显然气象服务市场一元主体缺乏活力，气象服务市场的多元主体势不可挡。一些经济学专家指出，目前我国实际上并未形成真正意义上的商业气象服务市场。

世界气象组织公布的材料显示，气象服务受益部门体现在以下行业：政府决策者和政策制定者、风险和灾害管理、海洋和海上业务、航空、陆地运输、农业部门、渔业、教育部门、能源、水资源管理、健康、自然资源管理、旅游、休闲和体育、金融部门、建筑业、城市环境、土地和城市规划。这些行业以及普通公众都与气象有着密不可分的联系，可发掘的气象服务市场非常可观。资本逐利的特性告诉我们，效益一方面来源于"增益"，另一方面来源于"减损"，要想利益最大化，就要在这两方面着力。目前，存在一个共识是，天气在全世界五分之四的经济活动中扮演着决定性的角色。据美国气象学会估计，仅在美国，天气对经济的影响每年高达约5000亿美元（表1）。

表1　发达国家与我国气象经济效益比较①

国家	商业气象服务年产值
英国	2600亿美元
美国	1600亿美元
日本	100 亿美元
中国	16 亿美元

　　气象服务市场存在无限细分和有效增长的可能性。我国的气象服务市场空间必将随着人们日益增长的需求和消费意识的成熟而上升，尤其是人们喜好的信息已经从最基本的保平安角度上升到"让生活更快乐的气象信息"，气象服务大有可为。从商业化角度来看，我国气象服务市场目前仍处在"蓝海"地位，可以预见会是未来五至十年商家激烈竞争之地。

　　但是，现在的气象不能说在经济方面它本身做得不好，我们一个天气预报节目都能支撑一两个大的企业。问题是目前市场化的机构，是在相对低质量的水平下消耗目前的气象资源，大部分仅仅是在做"天气预报信息"的"倒卖"。要突破，就需要一个"国家队"，加上新型的市场化激励机制，才能够保证在市场上，在公平竞争的环境中有人能够胜出。但是气象大数据真正发挥作用，还存在很多的问题。比方说现在公开可使用的数据不充足，开发气象大数据和做数据产业一样，首先得有"数矿"，有数据才能挖掘。而这个数矿发掘的问题，在我国，首先要带头的是政府。气象数据在气象部门，它的数据的存量周期是够的，它有几十年积累的气象数据。这可能在很多部门中并没有，因为这么多年气象部门都在做气象预报，所以数据就以业务使用方式的需求而大量积累，这形成了气象数据的"富矿"。另一个方面，气象数据相对开放度是比较高的。但即便如此，为什么气象数据的大数据的应用空间仍然还处在待大幅提升的状态？答案是：首先气象数据本身的开放度还有待于提高，其次是用户对气象数据的质量要求很高，这就需要我们气象预报的本身数据质量要提高，当然这是跟气象科学的发展水平有关的。那么剩下来就是气象信息在公众服务中就像"盐"，这意味着气象服务是"调料"，它不是"主菜"，服务领域、服务主体的业务需求是"主菜"，"调料"是给"主菜"增色、增味的。比方说防灾减灾，光一个气象数据不行，它跟地质数据很有关，与出行和人群

---

① 本文所列数据来源均由文章作者负责解释，不代表本书编者意见。

移动的定位有关；再比如电力，今天应该是多发还是少发电，今天应该是多输出少输出，这都是需要气象数据精准地提供一些测算数据，在这种情况下，我们的生产用量可控，我们的生产成本下降，生产安全提高。

但是这种融合程度相对来说还是低的，各部门的数据都是孤岛。不论是打破数据壁垒，实现数据部门内的交换共享，还是政府部门外向社会的开放，都是有待于极大提高的。以后我们政府部门的数据交换得越好，我们对外开放程度越高，气象如"盐"的数据使用的深度才会越深。

气象"大数据"的作用，不管是在预防、预警、灾后，以及下一步的提醒决策，它最大的作用就是发现非关联的关联关系，对政府或者公众进行有效的提醒。这需要什么呢？这需要在相关的不同类型，甚至不相关的海量数据在里面寻找关系，这才能发现线索，起到预警作用。现在我们的问题就在于跨部门、跨界、跨领域、跨地域数据因为开放度都不够，所以造成了即便气象数据是开放度比较高的，它的真正融合应用也是有限的，它的"盐"的作用也是有限的。

于是就有很多的公司去跟气象部门说，我来跟你合作，气象部门也觉得很好。但是因为其实两者的目的、出发点有所不同，所以合作往往是短暂的、表面的、不够深入的。国家发展到现在，有大量的气象资源，包括人才的储备队伍，但是在过去的这种机制下没有激活。所以我们其实是在探索通过一些市场化的手段，能够把国家已经形成了大量的气象方面的知识技术人才的储备盘活，能够让它发挥出更好的效益。从提升公众服务满足人民不平衡、不充分的需求角度，现在要让气象部门也有所改变，就是气象数据不仅要开放，更重要的是要开放气象的知识和经验，鼓励人才在部门和社会企业间流动。与此同时，企业要本着对数据负责任，尊重数据科学性这样的出发点，持续地与气象部门合作，并且愿意持续进行前期投入，以负责任的科学精神去合作。气象信息作为大数据，需要积累，需要沉淀，需要专家经验，需要多次的反复的验证，这都是需要时间的，这都是需要投入的，这都是需要合作企业有责任、有担当精神的。否则，合作起来企业说政府不开放，政府说我开放了但企业不负责任，做短期行为，结果大家刚来的时候充满信心，最后一拍两散。气象部门也打开怀抱欢迎社会企业，对企业也多次抱有了很高的期望，究其原因，是对气象数据的本质缺乏了解和缺乏一种付出的精神。气象数据发掘，我们想做一个短平快的生意，这个难度很大。所以政府也罢，企业也罢，都需要有耐心面对。作为气象部门，必须要耐心地和企业结合，作为企业要持久投入，并且双方还要有很高的融合。这个观念也是随着今后大数据的深入使用，互联网更加深入地进入人们的生活和工作以后慢慢形成。信息服务这种产业的投入非常巨大，只是百姓在眼前使用的APP端看不到。获得的APP服务越精准有价值，它的后台就越复杂。大数据互联网行业就是前面越简易后面越复杂，前面的收益越大，后面越复杂，投入就越大，所以这个观念也是在社会的方方面面都要理解。

我们其实是在一起探讨气象产业未来这样一个机制，这样的一个架构。因为政府和企业来自两个不同的领域，相互了解还是有限的。但实践证明，有一些原则性的东西，应该能达成共识：一是这个产业应该是由国家主导，有一定的国有成分在里面。同时只有充分的市场化机制，才能够最有效地、最大限度地激活参与者理性。提倡由国家主导，因为只有由国家来主导这件事情，才能保证它最终能够形成可持续的长期的发展。本身气象资源既是一种可以市场化商业化的资源，又可以成为国家战略层面一些非常有价值的东西。我们今天称市场化主体，希望去把它做一个全方位的整体性的运作。这个运作的过程中，既需要结合大量的气象的专业知识，又需要充分利用市场，利用市场化商业模式。所以它是一个交叉的领域。气象领域专业性强，而资本市场工具性强，两种体系的交叉融合，两方面人才都不可或缺。我们要把原先忽视气象，不重视气象数据的重要性，带来的很多的问题，通过这种系统性的方式去梳理以后，把看上去不相关的两个领域关联上。

我们规划气象产业逐步发展，本身的目的也提倡发展气象经济，是认识到它对特定经济领域的重要性，或者是不可或缺。它是经济本身的高质量发展，是一个从原先粗放式的一个增长状态，转变为一个更加精细的补短板状态。

首先要理解认识到这些问题，二是更进一步地在气象手段具备的情况下，通过气象方面的深入研究，提升、扩容。气象对经济的影响，绝不是千篇一律，对有些方面的影响微不足道，但是在有些特定的领域，却至关重要。

经济化、市场化的主体，肯定是要追求经济利益最大化。那么经济利益最大化往往是站在市场主体的角度，未必是从国家层面。这导致整个资源配置带来一些重复的不协调和资源的浪费。也就是说各个不同的市场数据，它可能都需要，要么就导致过度投放资源，要么就导致重复购买。这里面产生所谓的规模不经济的问题。企业主体首先最重要的一个特质是一个市场化的主体，它又带有一定的基础设施的特点，如果它具有排他性，比如说我是一个市场主体，我获得了这个信息，因为它对我极高的商业价值，我就要屏蔽其他的主体，使用它形成局部的利益。这对整个市场不利，所以需要有非排他性的市场规则，能够从国家整体的利益考虑的，带有一定的基础设施建设性质市场化主体，它可以是国企，也可以是国资控股的企业，包括混合所有制改革后的企业。

气象部门对国民经济和国计民生非常重要，但是因为它在很多时候并不直接产生经济效益，而是通过对其他领域的协助来间接产生收益。所以往往在市场化的资源配置的时候，就会导致这种资源配置不足，被大家忽视。应该采用通过市场化主体来凸显它的经济效益。因为只有看得到经济效益以后，更多的资源，不光包括市场化的经济资源，甚至包括国家能够统筹协调的行政资源，才会更多地流向气象领域，才能够真正和它对国民经济的实际的重要性相匹配，大家看不到，所以不觉得气象重要，所以当他看到了市场化气象服务主体，每年能够带来2000亿市场效益，那你放心，钱自然而然的就会流过来。

风云卫星预警发布能力服务"一带一路"方案设计

韩 强

（中国气象局公共气象服务中心国家预警信息发布中心，北京 100081）

风云四号卫星有预警信息广播能力，具有覆盖范围广、可靠性高、传输速度快、播发效率高等特点，在发生突发事件时，风云四号卫星能够快速精准地向地面发送预警信息。在风云四号卫星预警信息发布能力、国家突发事件预警信息发布系统、亚洲区域多灾种预警系统基础上建设的风云四号卫星"一带一路"预警信息发布系统，能够为"一带一路"提供及时准确的预警信息发布服务。本文介绍了风云四号卫星预警信息广播的特点和亚洲区域多灾种预警系统建设情况，并详细介绍了风云四号卫星"一带一路"预警信息发布系统的组成、系统流程及设计方案。

引言

国家突发事件预警信息发布系统（以下简称"国突系统"）NEWRES（National Early Warning Releasing System）于2015年5月正式在全国业务运行以来，国家预警信息发布中心一直在不断探索预警信息新的发布渠道，扩大预警信息发布覆盖面，从而实现快速精准的预警信息发布。2017年5月风云四号A星正式运行后，国家预警信息发布中心就开始了风云四号卫星预警信息发布的研究工作。风云四号卫星上有预警信息广播EWAIB（Early Warning Information & Alert Broadcast）信号转发器，在发生突发事件时，风云四号卫星具有向地面发送预警信息的能力。风云四号卫星预警信息广播覆盖范围广，能够很好地为"一带一路"国家和地区服务。2017年中国气象局和中国香港天文台开始共同承担WMO（World Meteorological Organization）亚洲区域多灾种预警系统GMAS-A（Global Multi-hazard Alert System in Asia）的建设和运行。通过建设GMAS-A，增强区域抵抗灾害风险能力，促进亚洲各成员国分享降低灾害风险方面的经验，有助于全球多灾种预警系统建设。本文将详细介绍如何将风云四号卫星预警信息广播能力与NEWRES、GMAS-A相结合，共同做好"一带一路"的预警信息发布工作。

一、风云四号气象卫星发布预警信息能力

风云四号A星是我国静止轨道气象卫星从第一代（风云二号）向第二代跨越的首发星，于2016年12月成功发射，2017年5月投入业务运行。风云四号卫星预警信息广播具有以下特点。

覆盖范围广：可覆盖远洋海域、高原、山区、边远乡村等传统通信方式不便地区，覆盖范围如图1所示。

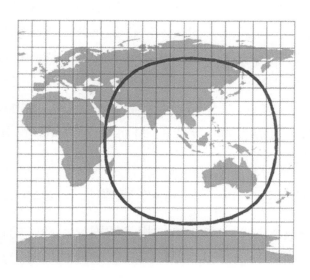

图1　粗黑线范围内为风云四号A星预警信息广播覆盖范围

可靠性高：受强降雨影响小，卫星地面系统始终保持7×24×365业务运行状态，满足预警信息发布的需要。

传输速度快：可实现预警信息秒级送达终端设备。

播发效率高：预警信息无需轮循播发，覆盖区域终端能够同时接收到预警信息。

从以上特点可以看出，风云四号A星能够满足"一带一路"预警信息发布

的需求，特别是对海洋和偏远山区具有明显的优势，能够很好地服务"一带一路"预警信息发布的工作。

二、亚洲区域多灾种预警系统（GMAS-A）

2015年3月，第三届世界减灾大会通过了《2015—2030年仙台减轻灾害风险框架》（简称"仙台框架"），世界气象组织积（WMO）积极响应仙台框架，提出建设全球多灾种预警系统GMAS（Global Multi-hazard Alert System）的倡议。2017年，世界气象组织二区协第16次会议提出实施"提升二区协减轻气象灾害风险能力试点项目"，各国达成共识，支持中国气象局（CMA, China Meteorological Administration）和中国香港天文台（HKO, Hong Kong Observatory）共同承担WMO亚洲区域多灾种预警系统（GMAS-A）的建设和运行。GMAS-A利用HKO为WMO长期运行的世界灾害天气信息中心网站作为亚洲区域预警信息汇聚、显示和查询平台，利用中国气象局建设的国家突发事件预警信息发布系统（NEWRES）的技术，作为亚洲区域预警信息传输和发布的通用技术与标准，将世界气象中心（北京）的预报和监测产品，作为各成员制作监测和预报预警的指导产品。中国气象局和中国香港天文台积极推进GMAS-A的建设，截至2018年12月，GMAS-A可实时显示由部分二区协成员（包括中国、俄罗斯、泰国及科威特等国家）发出的CAP（Common Alerting Protocol）协议格式的预警信息。

三、风云四号卫星"一带一路"预警信息发布系统方案设计

GMAS-A能够获取到与"一带一路"相关的国家和地区的预警信息，风云四号卫星具有把相关预警信息发送到预警信息影响区域的能力，整个发布流程如图2所示。

在图2中，GMAS-A和NEWRES均已业务运行，风云四号A星也已经具备了预警信息广播EWAIB通道，因此，只需打通NEWRES和风云四号卫星之间的信息通道，建设风云四号卫星"一带一路"预警信息发布系统，便可完成风云四号卫星服务"一带一路"预警发布的工作。

（一）风云四号卫星"一带一路"预警信息发布系统组成

为了满足风云卫星发布预警信息以及与NEWRES对接的需求，系统由预警信息采集子系统、预警信息解析存储子系统、预警信息质控子系统、预警信息发

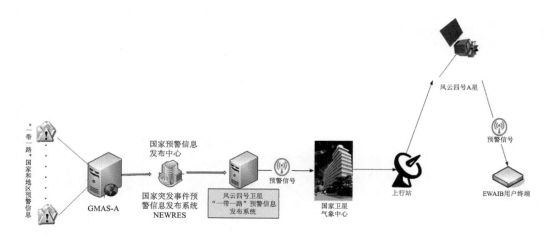

图2 "一带一路"国家和地区的预警信息通过风云卫星发布流程示意图

布模板子系统、渠道发布结果反馈收集子系统、卫星预警信息通信安全管理子系统、预警信息上星发布子系统、预警信息风云卫星终端接收子系统、风云卫星接收终端管理子系统、预警信息卫星发布全流程监控子系统10个子系统和卫星预警发布标准构成，如图3所示。

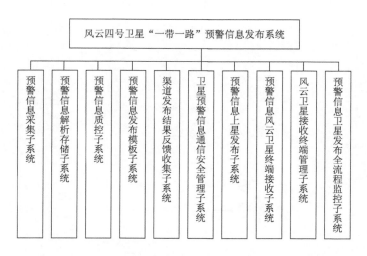

图3 风云四号卫星"一带一路"预警信息发布系统组成

（二）风云四号卫星"一带一路"预警信息发布系统流程设计

风云四号卫星"一带一路"预警信息发布系统流程如图4所示。

（三）风云四号卫星"一带一路"预警信息发布系统接口设计

风云四号卫星"一带一路"预警信息发布系统接口如图5所示。

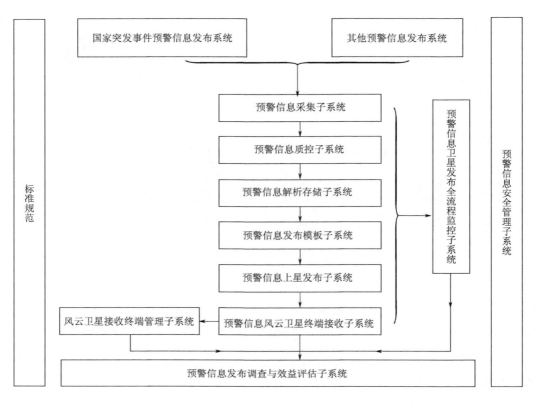

图4风　云四号卫星"一带一路"预警信息发布系统流程图

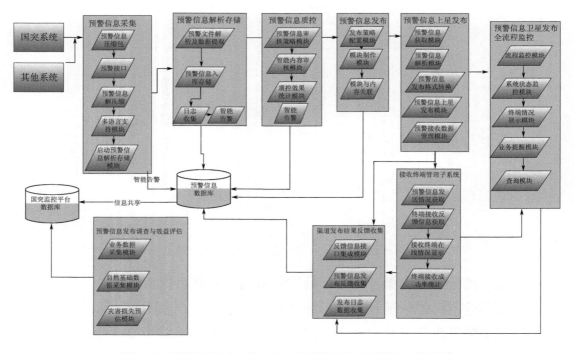

图5　风云四号卫星"一带一路"预警信息发布系统接口设计图

（四）子系统设计

1. 预警信息采集子系统

预警信息采集子系统通过多种采集方式对接其他系统发布的预警或者提示信息，实现预警信息的高可用高效采集。子系统组成如图6所示。

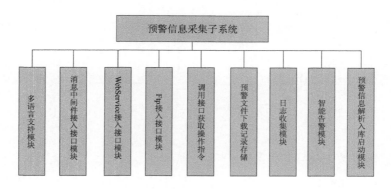

图6　预警信息采集子系统组成

2. 预警信息解析存储子系统

预警信息解析存储子系统通过预警信息采集子系统对满足预警协议的预警文件包进行解析入库，并将原始数据文件进行存储，以便后续的历史预警信息归档与查询。在这一过程中实现对数据库及应用程序的智能监控和智慧运维。子系统组成如图7所示。

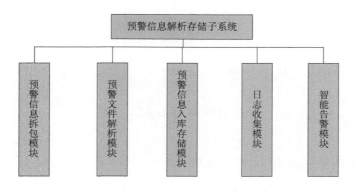

图7　预警信息解析存储子系统组成

3. 预警信息质控子系统

预警信息质控子系统对预警信息解析存储子系统的入库原始数据进行质量控制，构建预警指标和审核策略等配置数据库，加强机器学习技术提升预警质量控制能力，并对机器学习效果进行检验和优化。子系统组成如图8所示。

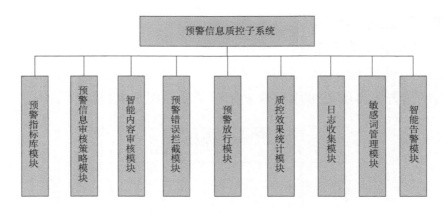

图8　预警信息质控子系统组成

4. 预警信息发布模板子系统

预警信息发布模板子系统按需制定预警发布策略，根据适配的发布预案内容提取并生成适用渠道、受众、审批流程、信息内容和防御指引等信息供选择使用，实现预警模板与预警内容的自适应生成服务。子系统组成如图9所示。

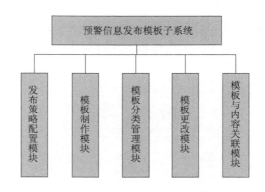

图9　预警信息发布模板子系统

5. 渠道发布结果反馈收集子系统

渠道发布结果反馈收集子系统与预警信息发布系统、手段管理平台等系统建立外部接口，实现预警发布流程可视化监控，为预警信息效果评估奠定数据基础。子系统组成如图10所示。

6. 卫星预警信息通信安全管理子系统

卫星预警信息通信安全管理子系统主要包括网络安全、主机安全、应用安全、数据安全与备份恢复、安全管理平台等。

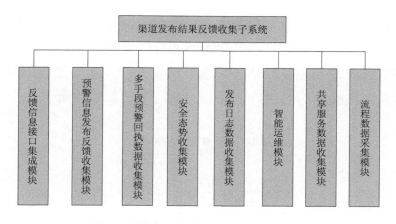

图10　渠道发布结果反馈收集子系统组成

7. 预警信息上星发布子系统

预警信息上星发布子系统实时从预警信息质控子系统获取质量合格的预警数据，根据可配置的预警信息上星发布条件、上星发布格式，通过风云四号卫星地面站上星并广播。同时对上星发布失败的预警数据提供自动重发和人工干预重发两种重发模式。子系统组成如图11所示。

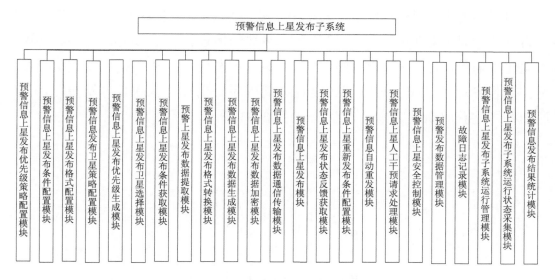

图11　预警信息上星发布子系统组成

8. 预警信息风云卫星终端接收子系统

预警信息风云卫星终端接收子系统部署在接收终端上，接收风云四号卫星下发的预警信息。其获取接收到的卫星广播数据，并对数据进行解析，提取出有效的预警信息，通过北斗、GPS等定位技术获得设备所在地理位置，过滤出在有效接收范围内的预警信息，并用消息推送、声音、振动等多种方式警示用户，接收终端通过GPRS无线网络，特别是5G物联网技术与接收终端管理子系统连接，及时反馈接收终端的运行情况。子系统组成如图12所示。

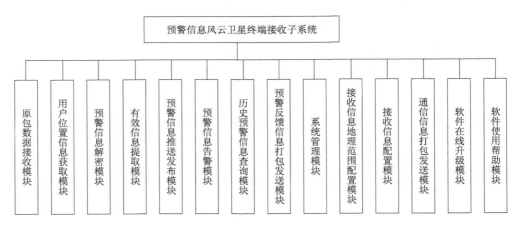

图12　预警信息风云卫星终端接收子系统组成

9. 风云卫星接收终端管理子系统

风云卫星接收终端管理子系统用于管理所有的接收终端，利用GPRS无线网络，特别是5G物联网技术，将各接收终端的地理位置及预警信息接收情况等数据传回监控中心，实时获取预警信息的上星发送情况和各接收终端的接收情况。接收管理子系统实时管理各接收终端程序，当程序有新版本发布时，及时通知各终端获取新的版本。子系统组成如图13所示。

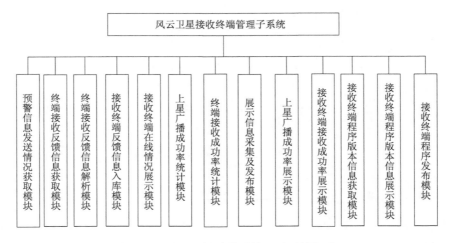

图13　风云卫星接收终端管理子系统组成

10. 预警信息卫星发布全流程监控子系统

预警信息卫星发布全流程监控子系统具备业务全流程监控和展示的功能，实现对预警信息发布卫星通路各节点的时间、结果，以及发布后各终端反馈结果进行记录和统计分析，确保每次预警信息发布的各个环节都可以追溯，实现全程留痕管理。在展示层面，实时展示分系统整体运行情况、链路连通情况、在发预警、历史预警发布情况、终端情况、统计情况等。子系统组成如图14所示。

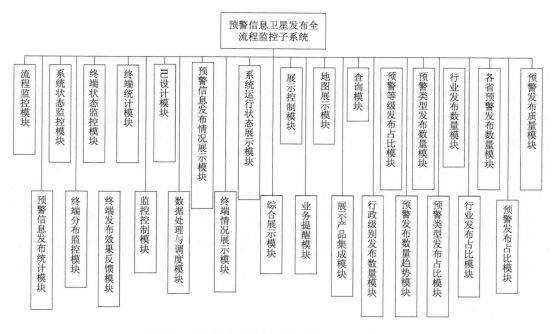

图14　预警信息卫星发布全流程监控子系统组成

四、小结

风云四号卫星预警广播的广覆盖与NEWRES、GMAS-A系统的结合，能够更好地为中国公民和团体在海外提供及时准确的预警信息服务，为中国公民在海外的安全提供保障，在灾害来临时避免人员伤亡并尽可能减少财产损失。同时，风云四号卫星预警发布系统的建设能够有助于"一带一路"国家和地区提升预警信息的发布能力，增强协同抵抗灾害风险能力。

电视频道专业化：华风集团中国天气频道发展的有效支撑力

李思萌

（华风气象传媒集团有限责任公司，北京 100081）

在当前融媒体发展的大环境下，中国天气频道作为公益频道，要想进一步发展与提升，专业化发展是其必经之路。实施电视频道专业化战略无论是对于电视事业的产业化发展，还是对于电视频道的品牌化发展都有着极大的意义和作用。通过分析华风集团旗下中国天气频道专业化发展现状及存在问题，提出专业化发展策略，即通过重视天气频道内容建设、注重天气频道功能设计、全面优化天气频道互动功能、提高天气频道的个性化发展程度，更有利于提高中国天气频道的专业化水平，进一步促进华风集团气象事业发展综合竞争力的不断提升。

一、引言

中国天气频道作为华风集团旗下三大气象平台之一，全面打造"中国天气"服务品牌，构建了全方位的天气频道专业化服务体系，由此掀开了中国天气频道专业化发展的帷幕。电视频道专业化发展受到两个方面因素的影响，首先是技术的进步，其次是媒介之间的竞争压力越来越大。随着科学技术的不断发展，频道专业化有了强有力的技术作为支撑，即便媒介的竞争日益加剧，电视还是具有较大的优势，网络电视的出现使受众有一定程度的分流，特别是很多年轻人倾向于选择网络电视，这对电视生存发展有决定性的影响。中国天气频道作为我国重要的气象电视频道，研究中国天气频道的专业化发展，为华风集团整体的气象事业发展提供了重要的支撑力，进一步提升了华风集团气象事业发展的综合竞争力。

二、华风集团中国天气频道专业化发展基本情况

（一）总体情况

根据国家统计局与中国气象局联合进行的2016年全国公众气象服务评价调查工作表明：2016年全国气象服务公众的满意度达到87.7分，与2015年相比增加了0.4分，是近7年的最高分，这充分说明中国天气频道的专业服务功能得到了较大的提升；2016年全国公众对气象服务的准确性评分为78.5分，实用性评分为92.0分，及时性评分为88.2分，便捷性评分为93.4分，各项指标与2015年相比都有了很大的提高，其中以便捷性的评分最高，与去年相比增加的幅度也最大，达到3.1分；在气象部门的众多品牌中，中国天气频道的知晓率以及使用率最大，城乡受众的知晓率分别达到88.2%和66.9%，使用率分别达到38.9%和36.5%。

（二）定位情况

中国天气频道与一般电视频道的发展类似，首先要做的就是明确定位，确定其生存与发展的核心价值在哪里，只有明确了发展定位与核心价值，才能更好地指导中国天气频道的专业化发展建设。在研究领域内，人们对于专业化发展的定位普遍认为是一种口号、愿景以及核心理念。2006年5月18日，中国天气频道正式开播，明确确定了频道的发展宗旨，即"防灾减灾服务大众"，由此将中国天气频道的专业化定位在了"公益性"专业频道上，进一步实现防灾减灾服务大众的理想与目标。2011年，中国天气频道将其自身定位为国家突发公共事件预警信息发布平台，为突发公共事件提供预警与宣传的路径，同时进一步明确了国家综合防灾减灾专业化频道的定位，使得中国天气频道的公共服务内涵更加丰富。

（三）节目情况

考虑到天气频道节目的时间限制，一般气象节目的时间都比较短，基本不会超过5分钟。自2006年中国天气频道开设以来，电视气象节目形态日益多样化，节目内容也日益丰富。中国天气频道的节目框架主要以新闻节目直播（时间达到150分钟）为主，以天气实况与预报、专题专栏节目以及气象新闻为节目体系。我国各省、市、自治区也都有本地的气象节目，针对当地的气象信息进行定时播报，同时将实时信息进行24小时下滚屏播放。截至目前，中国天气频道已经打造了很多具有社会影响力的节目，如《人与气候》《中国减灾》

《国家气象播报》等。然而在节目形态方面依然较为陈旧，缺乏相关的受众需求数据分析，不利于中国天气频道的专业化发展。

（四）包装情况

中国天气频道在频道包装方面下了很大的功夫，并将中国传统文化中的"五行"作为其中的核心内容，通过太极拳的方式体现出来，综合了丰富的东方哲学元素。这种包装设计理念与形式使得中国天气频道获得2007年国际电视设计者联合会全球电视整体包装的银奖。然而，中国天气频道的包装创意设计与防灾减灾的宗旨结合并不是非常紧密，受众对两者联合的感知力度也不是很强。在天气频道竞争日益激烈的今天，受众对天气频道的整体识别效果不佳，中国天气频道在包装的形式与风格方面还需要进一步加强。

（五）推广情况

电视频道的专业化发展，推广情况的好坏是最为直观的表现，推广活动也由此成为电视频道专业化的关键途径。中国天气频道在推广活动方面进展良好，举办了"气候变化在中国行动"等特色活动，并设计了极具特色的中国天气频道宣传片，积极参与"全国科普日"活动，并与研究生原创影片大赛合作建立"气象生活竞赛单元"等。同时，中国天气频道还与其他媒体进行合作，不仅扩大了推广活动的规模和知名度，还使得公众对该频道的形象开始发生转变。与此同时，在不断推广频道时还出现了系统建设不完善，专业化推广设计不健全等问题，使得受众群体对电视频道的推广活动及推广视频感知不足，难以留下深刻的印象。

三、华风集团中国天气频道专业化发展存在问题

（一）天气频道专业化发展方向存在偏差

目前相关的信息处理系统功能还不够完善，尤其是不能够和气象监测与预报业务等很好地联系在一起，所以天气频道发布的信息在实时性上相当差，而且对一些专业影像技术的运用水平较低。在普及频道时，大众化道路还是占据了主导地位，受众的多样化需求没有得到较好地满足，虽然在落地入户方面取得了一定成效，但是想要达到"防火减灾和服务大众"的目标还有很大的差距。与此同时，在体制的限制之下，中国天气频道发展的自身特点十分鲜明。未来的发展需要充分借鉴国外天气频道的优秀经验，同时充分考虑我国实际情况，全面地开展各项工作。

（二）天气频道专业化创新意识不足

现阶段中国天气频道专业化发展道路当中创意性严重不足，主要体现在以下几个方面。第一，中国天气频道的栏目设置缺乏创新性。我国幅员辽阔，不同地区的气象情况差异较大，那么天气频道的栏目设置应针对不同地区来进行，但是事实上这一点中国天气频道做得并不好，整体上看，节目缺乏针对性。第二，中国天气频道的专业气象服务缺乏创新性。中国天气频道专业化发展除了从栏目设置以及节目质量上加强之外，还需要加强气象服务。但是事实上，中国天气频道在与不同行业、不同部门之间的合作过程中存在问题较多，很难向不同类型的受众提供转向服务产品，中国天气频道的精细化服务远远不足。第三，中国天气频道的时段划分缺乏创新性。目前，中国天气频道的节目时段划分并不是非常明显，时段划分的科学性和创新性不足，很难为不同时段工作的受众提供气象信息服务。

（三）天气频道专业广告盈利模式单一

对于中国天气频道而言，其盈利模式的选择十分重要。一方面需要充分借助广告费用来实现盈利目标，另一方面还应该对收视率引起足够重视。现阶段天气频道的盈利模式较为单一，广告费盈利模式占据了主导地位，这使得其专业化程度大幅度降低。事实上，这种盈利模式也很大程度地决定了频道的专业性不足。收视率是广告商投放广告的主要参考因素，而节目大众化又是收视率的保障，但是大众化和专业化之间本来就存在明显冲突，所以中国天气频道专业化发展还是受到很大的阻碍。在这样的条件下，如果主观地促进频道专业化发展会使得电视台的盈利能力降低。不过需要指出的是，从长远的角度来看，单一的广告盈利模式还是不可取。

（四）天气频道的市场细分化运作不足

虽然中国天气频道致力于气象信息以及产品服务，但是具体并没有做出细致的市场细分，目标市场也未能精准地确定，从而影响到受众市场的发展。由于市场细分程度不够，中国天气频道的市场定位也出现了很大偏差。在这样的情况下，频道节目宗旨与风格都显得比较模糊，服务水平也难以迎合大部分观众。不过需要强调的是，专业化的频道本来就不讲求全面性，服务目标就是为了赢得特定的消费群，尽可能让这些消费者长时间收看这一频道。关于频道的定位，它在很大程度上可以视为观众与频道之间的一种合同，或者说是一种承诺。

四、华风集团中国天气频道专业化发展优化方案设计

为了更好地解决华风集团中国天气频道专业化发展过程中存在的问题，根据问题设计专业化发展框架，如表1所示。

表1　中国气象频道专业化发展优化方案设计框架

项目		分项目	具体描述
中国气象频道专业化发展优化方案设计框架	频道内容	丰富性	天气信息数量和类型是否具有广泛性和全面性，是否能够满足受众的日常需求和专业需求
		时效性	天气信息内容资源是否能够做到及时的更新，对于热点的天气信息是否能够做到及时播报，信息更新的频率是否能够满足受众的需求
		实用性	所展现出来的天气信息内容实在性地帮助受众，是否便于受众使用
		权威性	所提供的天气信息、知识等的质量、来源是否可信、可靠，是否具有相关信息的来源注明
		个性化	是否能够实现受众细分，为不同层次的受众提供天气服务，从而满足受众的动态个性化需求
	频道功能	天气查询	随时随地为用户提供天气查询服务
		天气新闻	为受众提供每天及一定时间段内的天气情况播报
		天气科普	包括天气的形成原理、产生特征、影响、防护等
		天气生活	将天气信息与日常生活相结合，为受众提供切合生产生活实际的天气知识和信息
		互动咨询	为受众提供相互沟通交流的平台，满足受众对天气查询、天气新闻、天气科普以及天气生活的了解需求
	受众构成	职业	受众的各类型职业，包括农民、城镇职工等
		教育程度	受众的受教育程度，包括小学、初中、高中、大学及以上
		收视习惯	包括对频道内容、形式的偏好等
		收视时间	受众观看气象节目的时间

根据上述优化方案设计框架，具体提出优化方案实施的内容如下。

（一）重视天气频道内容建设，提高频道内容丰富性

现如今，社会经济与科学技术的发展使得我们的生活已经进入了科技时代，信息化程度日益加深，人们对于天气频道的观看已经不再仅仅局限于家庭电视，目前已经迅速扩展到网络。那么在这种情况之下，重视天气频道内容的建设至关重要。因此，应提高中国天气频道内容的丰富性，可以通过创新内容、创新形式以及创新理念的方式，拓展多样化的表现形式，以此来提高中国天气频道的丰富性。首先，在内容方面，在国家气象基本业务的基础上提供更

多的信息播放，如气象数据监测、气象数据预报等，增加对气象信息的多样化服务；其次，在形式方面，运用网络化、数字化的表现形式，提高用户的兴趣；最后，在理念方面，树立品牌化、全频道预警理念，提高天气频道的内容档次。

（二）注重天气频道功能设计，优化频道细节体验

天气频道功能的设计与内容的设置类似，功能水平的高低以及全面性也是中国天气频道专业化的重要衡量指标，也是受众对天气频道评价的核心体验之一。良好的频道功能将会为受众提供更好的气象服务。对于中国天气频道专业化功能发展来说，应该融入新媒体平台，加强对天气频道功能的创新设计，对天气新闻播报、天气知识科普、天气情况查询等功能可以以更为创新的方式展现出来，为受众设计更为细化的体验，以此来提高受众对天气频道的满意度。

（三）全面优化天气频道互动功能，拓展频道受众群体

现如今，在纷乱的信息化发展时代，交互功能已经在很多网络平台中实现，如果能够在天气频道中实现良好的互动功能，那么将有效拓展原有的受众群体，进一步扩大电视频道受众人数，提高受众的忠诚度和满意度，因此，全面优化天气频道互动功能极为重要。那么对于中国天气频道专业化受众发展来说，首先可以通过拓展外部互动方式的途径来实现，比如以微博、微信公众平台等实现天气频道与受众的良好互动；其次可以通过网络播放的方式，为受众开辟评论区，给予受众更广阔的评论与交流空间；最后，打破传统电视频道固定的播出时间，辅以网络播放的方式，迎合受众的收视习惯和收视时间，以此来提高受众的满意度。

（四）提高天气频道个性化发展程度，提高受众关注度

为了进一步提高中国天气频道的专业化发展水平，个性化发展仍需加强。在市场多元化的今天，个性化发展的实现为中国天气频道的内容、功能等都提供良好的提升机会，在该过程中可以采用大数据技术，分析市场与受众需求，从而科学完成对受众的精细化分析，为受众提供个性化的信息推送。比如在中国天气频道的网络播放时，采用大数据分析，为受众的播放界面推送与当地天气相关的知识和新闻，更能引起受众的共鸣，提高受众的关注度。

五、结语

中国天气频道未来作为公益频道，响应了美丽中国的概念，坚持气象服

务公益属性，切实发挥服务民生和经济、保障国家战略发展的国有企业使命作用；另一方面构建集约资源、融合媒体、提升市场效益的新媒体运营实体，充分市场竞争。通过对中国天气频道专业化发展的研究，对于电视频道专业化研究的相关理论来说起到了一定的补充作用，同时能够促进天气频道制度优化，在丰富天气频道管理经营理论的同时，还能够为其他频道的专业化运营提供一定参考价值。通过重视天气频道内容建设、注重天气频道功能设计、全面优化天气频道互动功能、提高天气频道的个性化发展程度，更有利于进一步提高中国天气频道专业化，且提高华风集团气象事业发展的综合竞争力。

参考文献

陈志荣，2009. 论中国电视频道专业化的必然趋势 [J]. 新闻知识（7）：14-16.

David Ashder，2004. 传播生态学——控制的文化范式 [M]. 北京：华夏出版社.

丁俊杰，2012. 中国电视专业化频道研究 [M]. 北京：中国传媒大学出版社.

古忠民，2012. 电视节目的评价和标准 [J]. 电视研究（1）：23-25.

郭庆，2006. 电视节目评价的问题和对策 [J]. 当代电视（4）：18-21.

胡智峰，2004. 中国电视策划与设计 [M]. 北京：中国广播电视出版社：68-69.

贾玉祥，张帆，2000. 电视频道专业化：背景、问题与对策 [J]. 现代传播（4）：45-47.

李小亚，2015. 论电视频道专业化的优势 [J]. 商（4）：192-192.

李新民，2016. 地面频道需要断尾求生 [J]. 影视制作，22（10）.

孟洁，2015. 地级市电视频道专业化发展的探索 [J]. 新闻世界（7）：65-66.

西冰，2000. 论电视频道专业化 [J]. 电视研究（10）：28-28.

于溢，2005. 论电视频道专业化 [D]. 北京：中央民族大学：7-8.

余贤君，2002. 谈电视频道专业化 [J]. 中国广播电视学刊（1）：21-22.

张海潮，2001. 电视中国——电视媒体竞争优势 [M]. 北京：北京广播学院出版社：38-39.

张鹏，2015. 电视频道专业化探索——以旅游卫视和湖南电视台为例 [J]. 视听（1）：25-26.

张艳，2009. 浅析国内电视频道专业化发展历程 [J]. 决策探索（7）：72-73.

Alam M K，Haque M A，2014. Contribution of television channels in disseminating agricultural information for the agricultural development of bangladesh: A case study [J]. Library Philosophy and Practice（7）：123-130.

Hsiao Y. Development of Seniors Television Entertainment Channel: A Case Study of "Tien Lieng Satellite TV" [Z].

Lai J，2012. Evaluation and improvement of TV channel availability for IPTV services [J]. Shaker Verlag GmbH, Germany, 159（11）：1131-1147.

Ulusal，2016. An evaluation of the national TV channel advertisements in terms of sports content [J]. International Sport Sciences Congress（8）：45-50.

《"一带一路"天气预报》节目制作
的实践与探索

徐军昶[1]　罗　慧[2]　乔　丽[1]　王维刚[2]　雷晓英[3]

（1 陕西省西安市气象局，西安 710016；2 陕西省气象局，西安 710015；3 陕西省西安市蓝田县气象局，西安 710500）

2015年5月12日，陕西省西安市气象局《"一带一路"天气预报》节目首播。在中央气象台大力支持下，节目每日制作2期分5次在西安广播电视台丝路频道和西安气象官方微博、微信等播出。节目强调其服务性、贴近性、时效性和针对性，是气象服务于"一带一路"的一个良好的开端和有益尝试。下一步，将紧紧抓住西安建设国家中心城市和丝绸之路新起点的战略机遇，进一步提升《"一带一路"天气预报》节目的质量水平和影响力，继续扩大节目播出覆盖面，将《"一带一路"天气预报》节目通过更多渠道进行传播。

引言

古长安历来与亚欧各国的交流源远流长，汉代的张骞两次出使西域，开辟出一条横贯东西、连接欧亚的丝绸之路。党的十八大以来，以习近平同志为核心的党中央主动应对全球形势变化，审时度势提出了共建"丝绸之路经济带"及"21世纪海上丝绸之路"的宏伟倡议（简称"一带一路"倡议）。"一带一路"这一倡议一经提出，就受到国内外高度重视。目前，已有60多个国家和经济体成为这一伟大倡议的支持者、参与者和受益者。如果说古丝绸之路开阔了中华文明的视野，为汉唐盛世增辉添彩，那么今天共建丝绸之路经济带这一全新的伟大事业，无疑会为西安这座世界历史文化名城带来新的福音。《西安建设丝绸之路经济带新起点战略规划》①提出：建设具有历史文化特色的国际化大都市，建设丝绸之路经济带的核心区域，建设丝绸之路经济带新起点，打造内陆型改革开发新高地。西安市气象局紧紧抓住西安建设的战略机遇，开拓思路，创新思维，通过开播《"一带一路"天气预报》栏目等举措，全力做好相关气象服务工作，为西安发展提供有力保障和支撑。

一、《"一带一路"天气预报》节目的发起

气象灾害是"一带一路"沿线重大基础设施建设与区域可持续发展的重大威胁。"一带一路"沿线城市的交通、经贸、能源、农业、旅游、生态等方面的深入合作与发展都与天气、气候变化息息相关。然而，"一带一路"沿线自然环境差异大，灾害类型多样、分布广泛、活动频繁、危害严重，主要气象灾害包括暴雨洪涝、台风、暴风雪和低温严寒、高温热浪、干旱、沙尘暴等。亚洲季风性气候国家和欧美大洋沿岸国家气候变率大，气象灾害重，历史上都出现过极端性天气气候事件。数据显示，1995—2015年，全球前十个因气象灾害受灾的国家中，"一带一路"沿线国家占了7个。同时，"一带一路"沿线多数国家和地区经济欠发达，抗灾能力弱（国家气候中心，2017）。气象服务对于"一带一路"整体建设有着非常重要的作用。

历史上，陕西省会城市西安是中华文明和中国民族重要发祥地，是世界四大文明古都之一，古丝绸之路起点。现实中，西安是新欧亚大陆桥重要枢纽，是"一带一路"的重要支点，具有承东启西、连接南北的鲜明区位优势和独特战略地位。建设"丝绸之路经济带"是大西安建设国际化大都市的重要历史机遇，是大西安未来经济发展的强大引擎。西安市气象局积极探索、大胆创新，努力担当"一带一路"服务"排头兵"。在就电视天气预报栏目如何为"一带一路"跨区域乃至跨国各行各业提供全面、准确的气象服务方面，2015年初，西安广播电视台和西安市气象局达成了共识，在西安电视台五套开播《"一带一路"天气预报》电视节目，节目由西安市气象局制作。

---

① 见西安晚报：http://xian.qq.com/a/20150302/008741.htm，2015-03-02。

二、节目设计和制作流程

（一）节目设计

1. 板块设计

《"一带一路"天气预报》节目最终确定时长为2分45秒。分片头、"一带一路"沿线整体天气介绍、丝绸之路经济带主要城市天气预报、21世纪海上丝绸之路主要城市天气预报和西安天气预报回放及片尾5个版块，各版块内容及时长见表1。

表1　《"一带一路"天气预报》各版块内容及时长

版块	时长	备注
片头	10秒	
"一带一路"沿线整体天气介绍	60秒	
丝绸之路经济带主要城市天气预报	60秒	19个，其中9个国内城市，10个国外城市
21世纪海上丝绸之路主要城市天气预报	25秒	9个，分三屏，其中3个国内城市，6个国外城市
西安天气预报回放及片尾	10秒	

片头10秒以蓝色转动的地球和地球上以西安为起点的丝绸之路经济带线路为主要画面，辅以丝绸群雕和航船，分别代表丝绸之路经济带和21世纪海上丝绸之路。"一带一路"沿线整体天气介绍60秒以"一带一路"沿线地图为背景，介绍沿线整体天气和一个"一带一路"沿线城市。丝绸之路经济带主要城市天气预报60秒以简略丝绸之路经济带路线配小画框的形式给出19个丝绸之路经济带主要城市天气预报。21世纪海上丝绸之路主要城市天气预报25秒以3个翻屏的样式给出9个主要城市的天气预报，以蓝色背景突出海上丝绸之路的特点。最后为10秒的西安天气预报回放及片尾。

2. 背景音乐选择

节目背景音乐采用中国传统民歌《茉莉花》，歌曲先后在香港回归祖国政权交接仪式、雅典奥运会闭幕式、北京奥运会开幕式等重大场面上演出。在中国以及国际具有极高的知名度，在中国及世界广为传颂，是中国文化的代表元素之一。

3. 城市选择

节目设计以西安为起点，筛选国内外"一带一路"沿线城市，最终确定28

个重点城市作为第一批确定的节目预报城市，共涉及17个国家，选择的城市见表2。

表2　《"一带一路"天气预报》节目城市名单

序号	国内外	城市	备注
1-1	国内	陕西西安	丝绸之路经济带沿线城市
1-2		甘肃兰州	
1-3		甘肃张掖	
1-4		甘肃敦煌	
1-5		青海西宁	丝绸之路经济带沿线城市
1-6		新疆乌鲁木齐	
1-7	国内	新疆伊宁	
1-8		新疆喀什	
1-9		新疆和田	
1-10		广东广州	海上丝绸之路沿线城市
1-11		福建泉州	
1-12		浙江宁波	
2-13		阿拉木图（哈萨克斯坦）	
3-14		比什凯克（吉尔吉斯斯坦）	
4-15		杜尚别（塔吉克斯坦）	
5-16		伊斯兰堡（巴基斯坦）	
6-17		喀布尔（阿富汗）	丝绸之路经济带沿线城市
7-18		塔什干（乌兹别克斯坦）	
8-19		阿什哈巴德（土库曼斯坦）	
9-20	国外	德黑兰（伊朗）	
10-21		安卡拉（土耳其）	
11-22		布加勒斯特（罗马尼亚）	
12-23		曼谷（泰国）	
13-24		新加坡（新加坡）	
14-25		达卡（孟加拉）	海上丝绸之路沿线城市
15-26		科伦坡（斯里兰卡）	
16-27		马斯喀特（阿曼）	
17-28		开罗（埃及）	

4. 国际元素

考虑到节目的传播广泛，受众多元，因此，在播出语言选择上也体现了国际元素，节目以中文播出，配以英文和俄文显示，此外节目中气温显示包括了摄氏度和华氏度。

（二）节目制作流程

在中央气象台的大力支持下，研发西安智慧气象现代化平台（XAWFIS.新丝路）业务系统为支撑，释用国家气象中心预报产品每日2次通过CMACast向陕西省气象局下发，结合实况观测资料和细网格模式趋势增量检测订正，实现了"一带一路"沿线国家的94个重要节点城市未来5天要素预报（包括天气现象、最高和最低温度等）。每日上午09：00由值班节目编导安排当日主持人部分的画面及动态素材。10：00前由西安市气象局工作人员根据"一带一路"天气预报确定当天服务内容重点，撰写节目主持词。10：20左右制作人员运行解报软件，准备节目中的数据。同时，制作人员运行VW天气预报制作软件，将气象报文输入到制作软件中，准备播出内容。节目录制完成后，制作人员后期调整节目时长和编排，合成输出并分别通过光缆传送至西安广播电视台融媒体中心和通过内网传至西安市公共气象服务中心FTP，西安市广播电视台节目接收人员将节目接收并下载，传输到"丝路频道"播出。西安市气象局新媒体值班员从FTP服务器中下载素材，在"西安气象"官方微博、微信及其他新媒体中发布。节目具体制作流程见图1，下午节目制作流程类似。

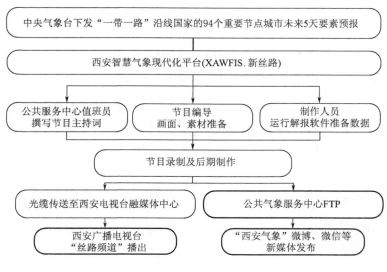

图1 《"一带一路"天气预报》节目制作流程

三、《"一带一路"天气预报》首播及改版

（一）节目发布和首播

2015年5月12日，在中国气象局大力支持下，"一带一路"电视天气预报节目实现全球首播（见中国新闻网http://www.chinanews.com/m/gn/2015/05-13/7273851.shtml）（图2）。西安电视台五套频道总监介绍说："作为地方城市台，我们推出'一带一路'天气预报节目，强调其服务性、贴近性、时效性和针对性，是一个良好的开端和有益尝试，今后将开办更多紧贴丝路主题，汲取'一带一路'地区的精品栏目。"

图2　2015年5月12日，《"一带一路"天气预报》节目首播仪式在西安广播电视台举行

节目每日制作电视天气预报节目2期分3次（12：30、19：35和21：55）在西安广播电视台五套黄金时段播出（图3）。节目同步在西安网络电视台、西安气象官方微博、微信等播出。该节目播出首月就有270余家新闻媒体进行关注报道。2015年来访的吉尔吉斯斯坦国家文化部部长对节目给予了高度评价，并在其国家天气预报节目中增加了西安城市天气预报播报。

（二）升级改版

2017年9月7日，西安电视台五套升级为西安广播电视台丝路频道，成为经国家新闻出版广电总局批准的全国第一家以"丝路"命名的电视频道，"丝路频道"的开播为《"一带一路"天气预报》节目迎来了更广阔的平台。2017年12月29日，中共西安市委发布《中共西安市委关于高举习近平新时代中国特

图3 《"一带一路"天气预报》节目截图

色社会主义思想伟大旗帜加快建设服务"一带一路"亚欧合作交流的国际化大都市的决定》，其中明确要求西安市气象局制作中、英、俄多语种《"一带一路"天气预报》等品牌节目。这给《"一带一路"天气预报》的进一步完善、升级等提出了更高的要求。2018年9月，节目完成改版（见图4）。一是体现生

图4 "一带一路"电视天气预报节目改版效果（左为老版，右为新版）

态理念，将画面背景由原来的"沙漠"改成"绿洲"，画面比例也进行了相应调整，更加突出中、英、俄三个多语种显示。二是调整了播出频次，由原来的每天3次播出增加到5次，分别为12：45首播、15：55重播，19：25首播、21：55重播和23：45重播，进一步扩大了节目的影响力。截至2019年8月底，已经连续播出3144期，无一日间断。

四、节目传播

除了每天在"丝路频道"播出5次以外，节目还通过"西安气象"官方微博、微信，搜狐视频、网络电视台等同步播出。"西安气象"官方微博（新浪网、人民网）目前有粉丝超过92万。《"一带一路"天气预报》通过微博、微信等新媒体的传播（图5）进一步扩大了节目的影响力，也延展了为"一带一路"的商贸、旅游等商业活动与经济发展提供全面、准确、快捷的气象服务范围。

图5 "西安气象"新浪官方微博（左）、"西安气象"公众号（右）《"一带一路"天气预报》发布

五、下一步打算

《"一带一路"天气预报》节目的开播，为丝绸之路经济带社会、经济发展和防灾减灾合作提供助力，也是政府职能部门在专业领域服务西安社会经济文化发展与媒体紧密结合的一次有益尝试。2017年12月，中国气象局出台的《气象"一带一路"发展规划（2017—2025年）》（中国气象局，2017）明确

提出，立足"一带一路"沿线各国不同发展现状，丰富对外合作内涵，提高对外合作水平，与"一带一路"沿线各国共同加强气象防灾减灾和公共气象服务能力，提升气象预报预测预警水平，健全完善综合气象观测体系，提高应对气候变化和开发利用气候资源能力，促进气象信息资源的共享，实现我国气象与"一带一路"沿线各国融合发展，为"一带一路"建设服务，为人类福祉和生命财产安全服务。

下一步，西安市气象局将进一步强调节目的服务性、贴近性、时效性和针对性，按照中国气象局、陕西省气象局关于"一带一路"气象服务的要求和部署，提升《"一带一路"天气预报》节目的影响力（罗慧等，2018；罗慧，2017）。一是不断提高节目的质量和水平，更好与"丝路频道"整体风格相一致，升级节目风格，更具现代感，更多体现"一带一路"和西安特色元素等；二是延长节目预报的发布时长，丰富预报城市的数量，改进21世纪海上丝绸之路经济带沿线城市的气象预报表现形式；三是进一步丰富栏目内容，宣传"一带一路"，播出更多介绍与沿线国家相关的天气、气候知识和天气咨询。四是继续扩大节目播出覆盖面，将《"一带一路"天气预报》节目通过更多渠道进行传播。

参考文献

国家气候中心，2017. 厉害了！"一带一路"气候格局 [EB/OL]. http：//news. weather. com. cn/2017/05/2705352. shtml，2017-05-14.

罗慧，2017. 助推"一带一路"气象服务跨越发展 [N]. 西安日报，2017年9月12日.

罗慧，毕旭，徐军昶，等，2018. 西安气象现代化建设与气象服务 [M]. 北京：气象出版社.

中国气象局，2017. 气象"一带一路"发展规划（2017—2025年）：气发〔2017〕82号 [Z]. 2017年12月19日.

新时代气象为农专业服务的发展

李利秋　　范晓青

（中国气象局公共气象服务中心，北京 100081）

党的十八大以来，我国一直在推动现代农业发展，努力走出一条中国特色农业现代化道路。在农业生产中尽管一直在不断更新先进技术手段，但天气对农业的影响依然非常重要，农业生产对天气有很强的依赖性，气象为农专业服务体系建设是实现现代化农业进程的重要内容。

一、传统农业气象服务的现状及存在的问题

近年来，通过各级气象部门不断努力，农村气象灾害监测预报能力和预警信息发布能力显著提升，农村防灾减灾能力明显增强，气象为农服务科技能力不断提升，业务服务内容不断丰富，农村气象防灾减灾组织体系基本建立。气象专业为农服务可基本满足农业生产的基础需求，主要服务内容涵盖以下部分。

提供生态环境服务。气候和天气的变化是生态环境中的重要内容，通过对生态环境变化的检测，可对天气的变化趋势做出一定的预测，从而采用一定的科学措施维持生态环境平衡。

提高灾害预防能力。气象变化精准预测和准确定位，提供了采用预防措施降低灾害发生的可能。其中人工降水也是基于气象预测做出的重要应对措施。

农作物灾害性预报。农作物生长过程中遇到灾害性极端天气（如低温、霜冻、干旱等），会造成严重减产，造成经济损失。通过提前预测及信息传递，采用预防措施，可减低灾害对农作物的影响。

农业气象监测。利用高科技对农作物的长势、灾情及土壤进行分析，可以更好地指导农业生产，做到趋利避害。

从总体上来看，我国目前的为农气象服务仍是以传统的气象服务为主，以

政府投资，事业单位管理为主要架构，提供大众性的公益性的气象服务。对照新时期我国"三农"新特点和"三农"服务新需求，当前气象为农服务还存在诸多问题和不足：服务手段仍然难以适应现代农业农村快速发展的需求；服务社会化程度低，多元主体发展较慢，难以满足多样化和个性化需求；气象为农服务体制机制不活、内生动力不足，事业单位主体作用未得到有效发挥；多部门融合发展的合力有待加强。

二、现代化农业对气象服务的新要求及发展趋势

随着我国农业现代化进程加速推进，需要用现代科学技术及现代组织管理方式来经营社会化和商品化的农业发展，传统的气象为农服务已不能满足现代化农业科学化、商品化、集约化、产业化的新的发展要求。如何充分挖掘各类气象为农服务资源，释放服务效益，实现气象为农服务转型升级发展，精准对接需求，助力乡村振兴，成为新时期气象为农专业服务面临的新课题。

气象为农服务产业化发展。随着经济全球化和一体化发展，产业化、品牌化发展已经成为行业进步的一种体现。为农气象服务产业化发展不仅反映了气象为农服务的综合科技实力和水平，还代表着气象服务工作的整体形象。在新时代中国特色社会主义市场经济条件下，以农业需求为导向，以实现农业效益为目标，依靠专业为农服务和质量管理，形成系列化和品牌化的农业经营方式和组织形式，可以显著提高气象在农业发展中的竞争力，实现气象为农服务产业化发展的目标。

气象为农全方位集约联动服务机制。气象为农工作应注重气象和农业的深度融合，各级气象部门应发挥各自技术及管理优势，气象部门与行业领域、政府部门和社会企业力量共同参与，以开放的姿态创新服务机制，提高气象资料完备性和准确性，提高预报预测水平，集中合理运用现代管理技术，充分发挥人力资源的积极效应，整合各方资源使气象为农服务专业技术成果真正能直接转化应用于田间地头，开创为农服务新格局。

气象为农服务技术优化创新。现代化农业的核心是科学化，气象为农服务的核心也是科学技术，科技优化创新水平决定气象为农服务的发展成效。随着我国现代科学技术水平的不断提高，人工智能、卫星观测、物联网、大数据信息等新技术的广泛应用，特别是气象科技在近年来有了长足的发展，不断优化创新应用于为农服务，由点到面、从地到天、全方位、立体化服务于田间地

头，提升服务的科学性、权威力、精准化，有利于气象为农服务规范化运作、规模化发展。

三、现代气象为农专业服务探索与实践

随着农村经济的快速发展，现代化农业对气象为农服务也提出了更高的要求，借助农业和气象资源向政府决策部门、生产部门和社会群众提供气象信息及气象相关技术服务的气象为农专业服务，不仅是农业生产防灾减灾、趋利避害的重要组成部分，未来还将推进农业特色化、品牌化发展，成为促进农村经济和生态效益提升的重要手段。

近年来，各级气象部门、社会公司都在积极探索更专业、更有效的新的服务模式，我国为农气象服务已经突破传统农业气象服务模式，进行了服务产品多元化、服务内容精细化、服务方式联合化等多方位的实践工作。

（一）打造国-省智慧农业气象业务平台，为现代气象为农服务提供坚实基础

国家气象中心以"智慧农业气象业务"为目标，着力打造国-省CAgMSS智慧农业气象业务平台、CAgMSS众创平台、农业气象大数据平台和智慧农业气象服务平台，CAgMSS逐渐成为全国农业气象业务系统品牌。CAgMSS系统包括数据分析与应用、产品分析与制图、农业气象评价、作物产量预报、灾害监测评估、农业病虫害气象等级预报、农用天气预报、生态气象监测评估、遥感监测、作物模型模拟10个子系统60余个模块，功能涵盖了农业气象监测、评估、预报、预警。系统实现了数据采集入库、业务模型运算、产品制作与发布等业务流程自动化。

通过技术培训，CAgMSS基本版在13个省部署并用于制作本省农业气象监测评价产品，CAgMSS-作物产量预报业务系统已在江苏、福建、山东、新疆、辽宁、河北、湖北、浙江八个试点省（自治区）实现省、市级主要作物产量动态预报，CAgMSS-作物模型业务应用系统在河北、河南、浙江、辽宁、吉林、山西、山东、安徽、江苏、湖北、湖南、江西等省农业气象业务部门实现业务试用。

全国气象为农服务工作会议为气象为农专业服务确定了发展方向：以习近平新时代中国特色社会主义思想为指引，全面贯彻党的十九大和十九届二中、三中全会精神，切实落实乡村振兴战略总体部署，紧密围绕我国农业农村现代化、综合防灾减灾、建设美丽中国和坚决打赢脱贫攻坚战对气象工作的新

要求，坚持公共气象发展方向，大力发展智慧气象，加快构建现代气象为农服务体系，全面提高气象为农服务质量和效益，充分发挥气象在乡村振兴战略中的趋利避害作用。在这个发展方向的指引下，气象为农专业服务一定会整合资源，激发活力，气象为农服务科技创新全面开花，气象为农服务手段丰富多元，形成全国特色农业气象服务中心和社会力量融合共进的繁荣局面。

（二）各级气象部门积极探索新时代气象为农专业服务举措

建立十大特色农业气象服务中心。为全力服务国家重大战略实施，中国气象局与农业部从2017年开始共推特色农业气象服务，以分品种、分区域的方式，实现农业气象服务集约化、标准化和品牌化，提高农业气象服务的精准性。首批特色农业气象服务中心分别由陕西（苹果）、山东（设施农业）、广西（甘蔗）、云南（烤烟）、海南（橡胶）、浙江（茶叶）、江西（柑橘）、天津（都市农业）、宁夏（枸杞）、新疆（棉花）10个省（自治区、直辖市）的气象与农业部门联合申报，为地方气象部门和农业部门的联合服务平台。在建设特色农业气象服务中心的同时，"特优区建到哪里，特色农业气象服务跟到哪里"的服务网络也逐步建立，各地先进的技术、做法、经验向全国铺开。未来，按照"成熟一个、认定一个"的原则，气象与农业部门将继续联手扩大建设全国特色农业气象服务中心，形成特色农业气象服务网络。

开展"农产品气候品质评估"工作。优质的农产品需要良好的气候环境，农产品产地气候条件是影响其品质的重要因素之一。近年来，我国多地气象部门开展农产品气候品质评估或认证工作，通过设置认证气候条件指标，建立认证模型，评价确定天气气候对生产阶段的农产品品质影响的优劣，综合评定农产品气候品质等级。精细化的为农服务为农产品注入了新的气象科技元素，对提升农产品市场竞争力具有重要意义，也打造了气象为农服务品牌。

据不完全统计，目前已有浙江、黑龙江、山西、四川、陕西、天津、云南等多省市气象局开展本省农产品气候品质评估工作，并取得了一定的成效。

"中国气候好产品"创新打造为农气象服务新品牌。"中国气候好产品"评估工作是中国气象服务协会贯彻《中共中央国务院关于实施乡村振兴战略的意见》（中发〔2018〕1号）文件精神，落实《中国气象局党组关于贯彻落实乡村振兴战略的意见》（中气党发〔2018〕94号）关于"发展适合一村一品、一县一业的精细化、特色化服务，强化农产品气候品质评估，打造系列'气候好产品'"的总体部署，组织开展的一项全国性公益活动，以发现和保护优质

农产品为宗旨，科学厘定农产品气候品质，在传统气候品质评估基础上，创新评估技术方法、创新评估组织机制、创新品牌服务内涵。通过"好产品"引领"好服务"，气象为农服务现代化成果直接应用到田间地头，量身定制特色农产品精细化气象服务，满足了现代农业"质量兴农、绿色兴农、品牌强农"对气象服务的要求，为气象助力乡村振兴提出了有效的解决方案。

　　公共气象服务中心从国家级层面作为"中国气候好产品"的技术牵头，工作中注重气象加农业深度融合，尽可能多地集合利用了为农服务各方专业技术力量，在中国气象服务协会框架下，遵循中国气象局有关管理要求及农产品评估行业标准，探索实现了气象部门国省市县纵向联动、部门间及社会企业横向联合的组织机制，各参与单位发挥各自所长，优势互补、资源共享、合作共赢。

　　2019年7月，巫山脆李（早、中熟品种）以特优品质获得2019年度首个"中国气候好产品"称号，巫山脆李的知名度显著提高，其社会效益和经济效益均有很大的提升。安徽、浙江、陕西、广东、内蒙古、西藏等多个省级气象部门对"中国气候好产品"品牌服务纷纷表示肯定，对江津花椒、草兜萝卜、西藏黑青稞等品牌的专业服务也正在各省级气象部门的积极参与下有序展开，这都为气象为农专业服务产业化发展奠定了基础。

（三）社会化企业的参与激发了气象为农服务新活力

打造"平台+基地+服务+基层信息员"的气象为农服务体系。基层气象局与社会化公司共同打造"平台+基地+服务+基层信息员"的气象为农服务体系，使整个气象为农服务形成一个有效的闭环。"平台"是指结合地方政府、本地气象部门、高校、社会公司优势资源，共同打造的"智慧农业云平台"；将传统的单一种植及服务模式升级为全流程智能管理的种植生产链（具备感知、预警、决策、分析、专家在线指导等功能），依托农业气象模型驱动形成产品，从而指导业务，实现农业种植精准化、管理可视化以及决策智能化。"基地"是指建立标准化种植示范基地，应用最新的农业物联网设备，结合农业院校的先进种植思路，进行新品种、新技术的本地驯化和示范，利用示范基地的精准数据进一步调优模型。"服务"是指智慧农业气象云平台通过大数据+模型驱动，形成面向社会各级用户和其他社会资源，综合提供丰富气象数据资源、农业气象相关智能挖掘算法/模型的现代农业气象标准化服务云平台。在各关键生育期向种植户提供异常天气提醒、种植指导、专家咨询、溯源和气候品质认证等服务。"基层信息员"是指激活、扩充气象信息员队伍，通过激励手段实现基层信息员更有效地开展为农服务、反馈一线农事信息等工作。

北京华泰德丰技术有限公司作为一家专业从事气象服务的公司，多年来在气象为农服务方面进行了大量的探索和尝试，并积累了一定的经验。目前华泰

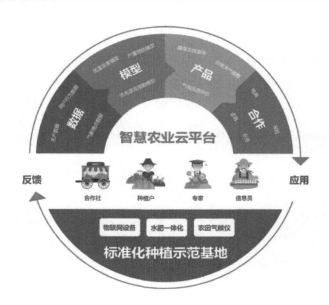

德丰已经在四川、黑龙江、河北、天津等多地打造了智慧云平台，共同促进气象为农服务的精细化、智慧化，助力现代农业的发展。

"互联网+"智能监控技术应用于气象为农服务。"绿度远程认证技术"通过建立农业气象环境巡检系统，实现气象环境远程在线检查，检查过程中的文字、图片以及视频内容进行自动归档保存，可有效减少实施成本，增加作业频率，有效保证作业过程真实可视，作业数据云存储且可共享。

"天圻™小型气象站"是集气象数据的采集、存储、传输于一体的小型气象站，同时采集多种气象参数：空气温度、空气湿度、风速、风向、雨量、太阳辐射及大气压力、$PM_{2.5}$、PM_{10}、TVOC，2017年荣获世界工业设计大奖——红点奖。天圻™内置GPS全球定位，可自动找北、自动归零、自动水平校正，采用GPRS无线通信方式，主要机体框架为航空铝材，立杆采用超轻碳纤维，强度高，重量轻；整机为流线型设计，采用空气动力学优化的超声支柱，风阻系数极小；采用超薄太阳能板进行供电；膨胀钻地法安装，安装简单、方便、快捷，它监测到的所有数据，全部通过微信公众号或Web浏览器进行查看及下载，长期工作稳定可靠，免人工维护。

上海绿度信息科技股份有限公司致力于提供农业标准化数据资源及农业品牌化服务，通过"互联网+"等技术手段采集标准化农业数据资源，提供数据管理与应用服务，打造品牌农业。

绿色生态篇

积极开发"天然氧吧"，丰富气象旅游产业体系①

李仲广

（中国旅游研究院，北京 100005）

近年来，中国旅游研究院与中国气象局公共气象服务中心在避暑旅游等气象旅游研究方面的长期合作取得丰富成果，研究队伍不断完善，研究成果不断深化，研究影响不断扩大，对未来的合作方向达成了重要共识。推动气象旅游研究是积极落实习近平总书记"绿水青山就是金山银山"指示的具体举措，是有力推动美丽中国、健康中国国家战略的新动能，作为新时代全域旅游发展的重要标志性成果被写入国务院办公厅《关于促进全域旅游发展的指导意见》。

一、中国天然氧吧创建活动丰富旅游产品供给

旅游市场为气象资源开发利用提供广阔空间。今年以来，旅游市场保持持续较快增长，旅游总收入增长超过10%。其中春节假日期间全国旅游接待总人数4.15亿人次，同比增长7.6%，实现旅游收入5139亿元，同比增长8.2%。清明假日期间全国国内旅游接待总人数1.12亿人次，同比增长10.9%，实现旅游收入478.9亿元，同比增长13.7%。"五一"假日期间，全国旅游接待总人数1.95亿人次，按可比口径增长13.7%，实现旅游收入1176.7亿元，按可比口径增长16.1%。端午假日期间全国国内旅游接待总人数 9597.8万人次，同比增长7.7%，实现旅游收入393.3亿元，同比增长8.6%。目前，暑期旅游正当其时。中共中央、国务院《关于完善促进消费体制机制　进一步激发居民消费潜力的若干意见》将文化、旅游、健康、养老、教育等消费列入重点领域。这次中国

---

① 本文为中国旅游研究院副院长李仲广博士在中国气象服务协会举办的"2019中国天然氧吧创建活动发布会"上的讲话，内容稍有删改。

天然氧吧创建活动主题"气象赋能生态旅游，到天然氧吧'森'呼吸"，就是开发利用气象资源，推动供给侧结构性改革与消费需求相结合的生动体现。

"创建+旅游"进展迅速。2019年中国天然氧吧创建活动的发布会上，我看到天然氧吧的景区、旅游区、旅游线路的建设已经开始，例如："大白鲸杯"中国天然氧吧穿越赛——2019黑龙江铁力小兴安岭国际自行车穿越赛、大浪淘沙——巴楚旅游主题组、山水神秀——华东旅游主题组、民族摇篮——中原旅游主题组、林海雪原——东北旅游主题组、绿洲草原——西北旅游主题组、石海洞乡——西南旅游主题组、南国侨乡——岭南旅游主题组、世界屋脊——青藏旅游主题组等。在中国天然氧吧文化旅游节暨特色农产品展，我还看到天然氧吧文化旅游、原产地购物旅游也在积极开发，非遗表演、艺术表演、旅游代言、地方展台等内容丰富。这些表明，目前天然氧吧在自然、生态旅游的融合发展态势良好，可以预期在文化旅游、定制旅游、户外拓展、乡村旅游、民宿特别是夜间旅游方面有更大的融合空间。

研究成果不断形成。2019年中国天然氧吧创建活动的发布内容很丰富，质量很高，有天然氧吧评价指标、指数、报告、名单和共同体等，我们从中可以预期在动态排名、数据库、案例库等方面的成果，以及利用APP、5G、AR/VR等当代科技的开发成果。中国旅游研究院建设了气候旅游、康养旅游方面的研究团队，愿意加入这个平台，开展战略合作，共同探索有中国特色的气象旅游产业发展道路；让更多的旅游市场主体联合参与，加快天然氧吧的旅游产品化、产业化；重点开展气象健康和旅游融合模式和发展路径、气象康养旅游新兴业态和商业模式的研究，进行保护开发等专题规划咨询；发布天然氧吧旅游相关标准、认证、服务、倡议，召开专题研讨会；共同考察、推广优秀发展案例，形成推广的专题节目，等等。

二、中国天然氧吧会展推动创建成果持续落地

中国天然氧吧文化旅游节暨特色农产品展内容丰富，收获满满。如果说在钓鱼台国宾馆的中国天然氧吧创建活动发布会上讲的天然氧吧旅游只是"有鱼可钓"，那么在农产品展中我们已经看到实实在在的"鱼宴"了。这个会展使好看、好吃齐备，推介好空气、好产品、好地方，践行生态环境是基本民生发展理念、为广大游客送好气候做好事。借此机会，我想对中国天然氧吧创建名单的地方朋友们谈几点感受。

抓住机遇，释放天然氧吧的发展潜力。近期以来，天然氧吧之旅、天然氧吧之路和天然氧吧之夜等旅游产品的关注度、吸引力越来越高，名气和影响力不断提高。天然氧吧不同于传统或主流的旅游产品，差异性很明显，发展潜力很大。气象已经从旅游的保健性因素，成为保健-激励双重因素。正如《旧制度与大革命》所言，新的力量已经出来了。我们已经看到天然氧吧塑造体育、运行等产业的案例，完全可以预期其加入旅游产业生态圈，并如同生态圈中其他业态塑造甚至重塑旅游产业竞争格局的潜力和能力。为此，我们建议充分开发利用近年开展的活动成果，建设旅游项目，如图书馆、博物馆、展览馆特别是旅馆等；成立天然氧吧农产品联盟，推动原产地标签，进驻购物平台；利用当代技术和现代工业，研发、开发空气罐头等更多的产品；积极建设完善碳交易市场，示范基地等项目等。

加强文化旅游融合，助力天然氧吧创新发展。文化和旅游改革制定了"宜融则融、能融尽融"的战略构想，目前开局良好，进展顺利，正稳步开始深水区、融入人民群众生活社区的探索。中国天然氧吧文化旅游节暨特色农产品展不仅助力文化和旅游融合发展，而且助力乡村旅游、县域旅游、入境旅游。目前旅游市场需求正在出现重大变化，亟待创新旅游产品供给。旅游产业如同其他产业一样，必须遵循不断创新的商业规律。市场格局变化，必然要求产业格局相适应的变化。国家目前的刺激、释放消费潜力的战略，也都需要供给侧结构性改革。根据中央编办有关批复，中国旅游研究院（文化和旅游部数据中心）是中央编办批准的、目前国内唯一冠以"中国"字头的旅游专业研究机构和数据中心，承担文化和旅游融合研究、文化和旅游数据等职责。我们愿意助力天然氧吧的文旅开发，形成空气、寿命、好玩、接待等更多产业化、市场化的元素，建设项目、产品、酒店等商业服务体系，使天然氧吧不仅天资好，而且实现人气、财气、名气等发展目标。

处理好各方关系，合力推动天然氧吧旅游高质量发展。天然氧吧要处理好休闲和旅游、文化和旅游的关系，实现又美又好发展，融合生活元素，增加可体验的内容；供给和需求的关系，在目前中老年主力市场的基础上，着眼大众化、年轻人的市场开发；规模和质量的关系，以及特色主题和综合发展的关系，加强发展质量和服务质量；传统和创新的关系，让活动成果为天然氧吧发展提供科学基础，推动自然+科技、原生态+人工、新资源+新科技的融合发展；短期和长期的关系，通过规划、研究等工作，形成年度工作内容和长期发展战略；走出去和请进来的关系，积极扩大对行业和地方。我很喜欢会展的地球标识，天然氧吧旅游要扩大对国内和国外的影响，发扬担当精神，改善近年来雾霾对入境旅游的负面影响。

开展天然氧吧的全域旅游建设。天然氧吧是国务院办公厅《关于促进全域旅游发展的指导意见》的重要内容之一。要开发夜间旅游的4小时黄金时间，12小时旅游住宿时间，24小时健康旅游时间；以"食住行游购娱"等要素开发为主，进一步开发全产业链体系；在目前115个天然氧吧的基础上，加快创建力度，形成覆盖全国的天然氧吧目的地；天然氧吧可创造性的落实"五位一体"国家战略，实现全面发展目标，等等。

朋友们，如果说天然氧吧的创建工作有了初步结果，那么天然氧吧的旅游建设才刚刚开始。

"寻找安徽避暑旅游目的地"探索与实践

吴丹娃 杨 彬 江 春 王 涛 孙 添

（安徽省气象局公共气象服务中心，合肥 230000）

一、概述

党的十九大提出，必须树立和践行"绿水青山就是金山银山"的理念，像对待生命一样对待生态环境，并且将"坚持人与自然和谐共生"纳入新时代坚持和发展中国特色社会主义的十四条基本方略，坚定走生产发展、生活富裕、生态良好的文明发展道路，建设美丽中国。2018年3月，国务院办公厅《关于促进全域旅游发展的指导意见》提出：要推动旅游与气象、环保等部门的融合发展，开发建设生态旅游区、天然氧吧、气象公园、避暑避寒等旅游产品，推动建设一批避暑避寒度假目的地。

安徽省地处南北气候过渡带，避暑旅游资源丰富，《安徽省"十三五"旅游业发展规划》将避暑休闲作为重点产业打造。2017年开始，安徽省公共气象服务中心联合中国天气网、中国气象频道、安徽广播电视台公共频道、安徽交通广播、安徽省农村综合经济信息中心等多家单位开展"寻找安徽避暑旅游目的地"活动，面向安徽省生态旅游发展的迫切需求，通过发掘优质的避暑旅游资源，实现气象旅游资源向惠及民生的公共气象服务产品转化，带动生态旅游及避暑经济的发展，以实际行动贯彻落实《国务院办公厅关于促进全域旅游发展的指导意见》。"寻找安徽避暑旅游目的地"开展三年以来，赢得了社会高度关注，取得了明显的服务效益。

二、安徽省避暑旅游资源概况

安徽省避暑旅游资源丰富，根据气候和地形特点分成山地型、丘陵和水系混合型、滨水型、局地高森林覆盖型四种类型。2017—2019年，共有45个乡镇（村）或景区入选安徽避暑旅游目的地，主要分布在大别山区绿色发展区、大黄山国家公园、皖江生态文明示范区南部和东部、环巢湖生态示范区等地。
2000—2018年，避暑旅游目的地所在地的生态质量总体处于上升趋势，其中大
黄山国家公园范围内的避暑旅游目的地植被生态质量最高。安徽省避暑旅游目
的地7—8月平均气温和周边城市相比明显偏低，具备良好的避暑气候条件。

（一）避暑旅游资源分布

安徽地处中纬度地区，属暖温带向亚热带过渡型气候。单纯从气温看，全
省高温天气的年平均日数总体从北向南递增（图1）。

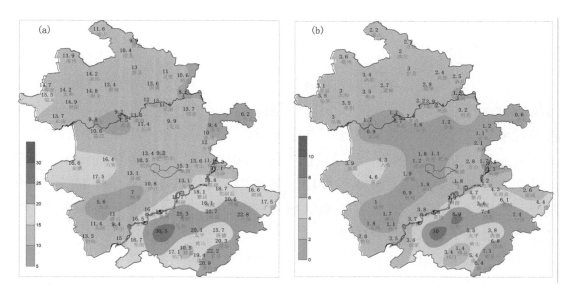

图1　安徽省30年（1971—2000年）平均高温日数分布图
（a）≥35℃年平均高温日数；（b）≥37℃年平均高温日数

但与此同时，由于海拔高度、地表环境的不同，在一些海拔较高、高森林
覆盖或者滨水滨湖地区孕育了比较丰富的避暑气候资源。通过卫星遥感的地表
温度反演可以看出，2017年和2018年7—8月，在我省持续高温的大背景下，大
别山区、皖南山区呈现较明显的"冷岛效应"。环巢周边地区白天相对凉爽，
夜晚由于水体的储热作用，气温略高于陆地。

（二）避暑旅游目的地类型

2017年开展寻找安徽避暑旅游目的地以来，共有45个乡镇（村）入选。按
照地理分布、区位及气候特点，大致可以分成四种类型。

山地型：主要分布在大别山区绿色发展区和大黄山国家公园，这一带一般
海拔500～800米，山地主要部分海拔1500米左右。气温随海拔高度的上升呈下

降趋势，一般上升100米下降0.6℃，山地垂直气候加上较高的森林覆盖，形成了丰富的避暑旅游气候资源。

丘陵和水系混合型：主要分布在皖江经济带南部和东部。这一带长江支流众多，河流对气温的调节作用再加上一定的海拔高度，使这一带夏季平均气温低于周边地区，形成相对凉爽的区域。

滨水型：主要分布在环巢湖周边地区。由于巢湖水体的热容量比较大，白天升温慢，湖面温度比周围低；夜晚水体降温慢，湖面温度比周围高，这种气温的差异使湖面和陆地之间容易形成湖陆风，白天由湖面吹向陆地，夜晚由陆地吹向湖面。风是影响体感温度最重要的因素，在相同气温下，有风的时候更凉爽。因此，环巢湖周边地区也具有一定的避暑条件。

局地高森林覆盖型：比如萧县的皇藏峪国家森林公园，凤阳县凤阳山国家地质公园，都是在淮北平原地区局地性的高森林覆盖区域，植被生态质量明显好于周边地区。森林的遮蔽作用造成局地性的避暑环境。

（三）避暑旅游目的地生态及气候变化

2000—2018年，避暑旅游目的地所在地的生态质量总体处于上升趋势（图2）。特别是2010—2016年，植被生态质量呈现持续改善。在所有避暑旅游目的地典型区域中，分布在大黄山国家公园范围内的避暑旅游目的地植被生态"绿色程度最高"。

从气候舒适度变化情况看，从2000年到2015年，大部分地区7月、8月的

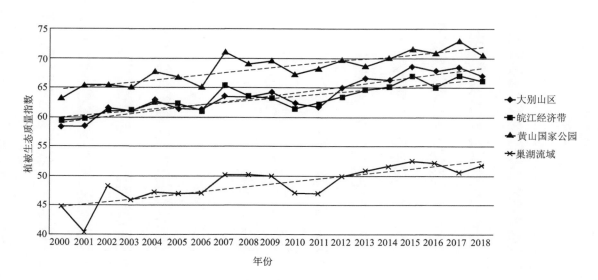

图2　2000—2018年植被生态质量指数变化（典型区域）

气候舒适度呈现波动状态，但总体趋势平稳，舒适度指数在26.1左右；2016—2018年，由于安徽省夏季出现了较极端的酷热天气，气候舒适度指数跃升到26.8～27.5之间（图3），达到4级，有热感，较不舒适。但是避暑旅游目的地和周边城市相比，2016—2018年7月、8月平均气温仍然明显偏低，具备良好的避暑条件（图4）。

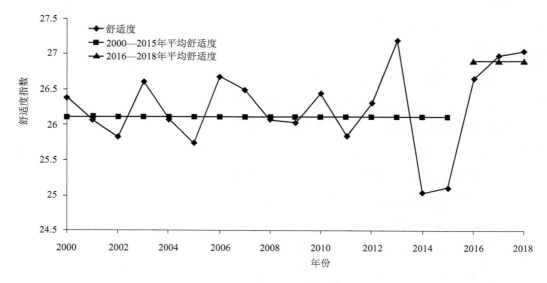

图3　2000—2018年气候舒适度变化

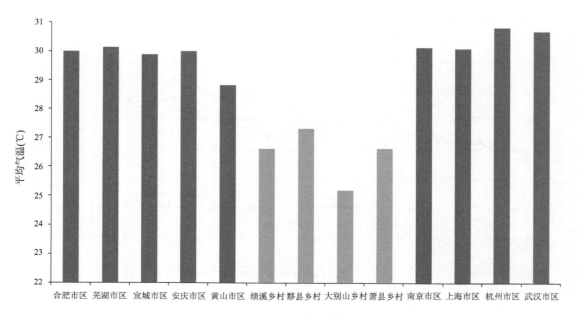

图4　2016—2018年7—8月平均气温对比

三、寻找安徽避暑旅游目的地，打造气象服务品牌

"寻找安徽避暑旅游目的地"活动从评价安徽省避暑旅游气候资源入手，综合生态、旅游等要素，发掘安徽省优质的避暑旅游目的地，从而扩大社会对生态旅游、气候旅游的认知度、影响度。

（一）建立综合评价指标

以安徽省内夏季气候舒适、生态环境优良、服务配套完善，适宜避暑旅游、休闲养生的区域，包括旅游景区，以度假村、农家乐园为特色的乡镇（村）及以上行政区划为对象，依据《安徽省避暑旅游目的地评价指标》，以达到舒适或以上等级作为入选基本条件，同时综合考量空气质量、水质情况、森林覆盖率、负氧离子浓度、旅游配套等多项因素，进行安徽省避暑旅游目的地评选。

（二）严格规范评价流程

"寻找安徽避暑旅游目的地"活动建立了完整的评价流程，采取自愿申报的方式，在数据筛选的基础上结合实地复核、调查质询等多种方式，力求评价流程规范，评价结果客观公正。组织层面上，成立了领导小组、工作小组、初审复核组、评审专家组、宣传推广组等，按照各自职责开展工作。领导小组负责统筹活动，安排部署，协调工作；工作小组负责活动方案策划和具体执行开展，进行相关评价指标技术研究；初审复核组负责申报材料初审、实地复核；评审专家组负责最终评审，确定"安徽省避暑旅游目的地"入选地区；宣传推广组负责活动全过程及后续宣传工作，与外界新闻媒体的沟通联系。

（三）多方联合宣传推介

利用中国天气网、安徽广播电视台公共频道、安徽交通广播、"江淮气象"新浪微博、今日头条直播等对"寻找安徽避暑旅游目的地"进行全方位的宣传报道。借助惠农气象、聚农e购、爱上农家乐等网络平台，着力打造"安徽避暑旅游目的地"活动品牌。中国天气网将安徽避暑旅游目的地作为"五一小众旅游地"进行推荐，安徽广播电视台公共频道在黄金时间"新闻第1线"对避暑旅游目的地进行展播，并在"新闻午班车"对活动进行报道；安徽交通广播邀请申报地走进直播间，宣传当地的避暑旅游特色。主流媒体的参与极大提高了活动的影响力和参与度。"江淮气象"新浪微博、"安徽气象"今日头条号等气象官方媒体开展专家解读、复核现场直播等内容使整个活动更具科学

性和权威性。

四、气象融入生态扶贫和全域旅游发展，服务成效凸显

（一）推动气象服务从避害向趋利转变

良好的生态环境是最普惠的民生福祉，"寻找安徽避暑旅游目的地"活动，把视线聚焦在美丽的乡村，挖掘乡村特有的避暑气候资源，将气候资源与生态、旅游紧密结合，直接将发掘的气候资源面向公众、社会及政企决策者，积极服务安徽生态建设，是一种新型的气象服务行为，增强了气象行业在整个社会的影响力。气象服务领域从防灾减灾拓展到气候资源的趋利利用，推动气象和旅游的融合创新，顺应了社会经济发展需求的变化，也扩大了社会公众对气象服务的认知。

（二）满足避暑旅游经济潜在需求

随着城市化进程的加快，被"钢铁森林"包裹的繁忙都市人开始向往回归自然，尤其在全球变暖的大环境下，秀美田园和消暑纳凉相结合的乡村避暑旅游越来越受到人们的欢迎。与此同时，高铁的发展拉近了山村与都市的距离，人们的休闲方式在变化。有数据显示，中国避暑旅游正处在不断成长之中，目前每年夏季的避暑旅游已经超过3亿人次，夏季避暑已经是民众生活必不可少的一部分。"寻找安徽避暑旅游目的地"活动把气象与旅游作了有效融合，充分挖掘地方的优质气候资源，在此基础上建设多元化避暑旅游目的地，满足了公众新的休闲需求。

（三）探索生态扶贫促进全域旅游发展

安徽避暑旅游目的地大多地处大别山区和皖南山区，海拔较高，一方面自然环境优越、"乡愁""乡味"浓郁；另一方面，长期与外界交通不便，经济不发达，有的地区还是贫困山区。发展避暑经济，让四面八方的游客走进山区，通过旅游带动特色农业、乡村旅游业的发展，是把绿水青山变成金山银山的有效之路。避暑旅游目的地发布后，入选地区客流量持续增长，根据活动后期跟踪调查和效益反馈，多地的客流量和经济收入都有不同程度的增幅。岳西县金榜乡村客流量比上一年增加2000人次。霍山太平畈乡客流量较上一年增幅15%。黟县美溪乡在周边景区接待量普遍下降情况下，客流量较上一年增幅5%。黄金周期间，乡村农家乐客栈全部爆满；村民人均收入今年预计达到1.4万元，增长10%。宣城市周王镇龙潭村入选后，当地政府加快改善道路等旅游

基础设施。在很多地方，"避暑气候"已经成为一张闪亮的生态名片，有力推动了当地生态旅游、全域旅游的发展。

五、小结

寻找"安徽避暑旅游目的地"活动自2017年开展以来，赢得了政府、社会、公众的广泛关注。2019年7月17日，中华人民共和国中央人民政府网站（www.gov.cn）政务联播地方版刊发了"安徽省新添'24处避暑旅游目的地'"的新闻，同时安徽省人民政府网站、安徽日报也对"寻找安徽避暑旅游目的地"活动进行了报道。活动期间，中国天气网安徽站点击率明显上升，气象官方微博微信和直播平台的关注度提高，阅读量达到60余万人次；新华社安徽分社、安徽日报、安徽公共频道、腾讯网、中安在线等多家主流媒体进行现场报道，人民网、新华网等50余家媒体进行了转载。由此，我们得出以下几点结论和建议。

一是在生态文明建设上升成为国家战略的新时代，人们对避暑等气候旅游资源利用提出了迫切需求，我们的气象服务要由防灾减灾向气象旅游资源保护利用进行拓展，顺应需求变化，气象服务链条要由避害向趋利延伸。

二是气象保障服务工作要紧扣社会热点需求，实现精准服务。要与绿色发展、生态保护理念紧密契合，加大对气候资源的监测评估，满足人们对美好生活、对良好生态环境的追求。

三是要整合优势资源，积极争取政府、部门和社会的广泛参与，借助新媒体的平台优势，多种形式提高公众的参与度和认可度，多层面、多渠道、多形式打造生态文明建设气象服务品牌，提升气象服务的社会影响力。

跨域旅游景区气象服务产品研究

穆　璐　王　璐

（华风气象传媒集团有限责任公司，北京 100081）

基于多元化全域旅游景区的发展现状，分析了大众出行用户和小众特色游用户对景区气象服务的不同需求，从而研发出具有景区实况天气提示、历史天气查询、四类人群穿衣服务和景区综合信息服务为一体的旅游景区天气WAP产品。针对旅游景区天气服务，突出景区特点的花期预报、特色景观预报、赛事活动精细化预报也成为服务亮点，逐渐引起用户关注并主动查询。本文还从应用场景、运营渠道、线下活动多元化三个方面，介绍了旅游+天气服务方面较新的商业模式并做出展望，为旅游景区一站式管家天气服务给出了建议。

一、引言

当今，旅游服务已经作为国家战略之一被写入《"十三五"全国旅游业发展规划》中，预估2019年在线旅游5.2亿人，市场规模超万亿。旅游整体产业较为景气，产业创新更加活跃，特别是在线旅游产业链去中间化，让旅游资源更高效到游客手中（杨宏浩等，2018）。

2019年旅游行业发展主要聚焦在旅游景区、旅游服务行业两个方面。众所周知，旅游行业涉及的主要环节均与气象密切相关，气象条件是旅游风景形成的重要因素也是旅游线路规划的重要依据（吴普等，2010）。

综上所述，在跨域旅游的发展背景下，中国天气网针对不同特色旅游景区进行分析，推出满足旅游景区客户多元化的天气需求的移动端产品，研发出基于个性化景区的天气服务算法，最终为开展多元化旅游景区气象服务提供了基础业务支撑。

二、需求调研

（一）大众用户对景区的气象服务需求

据艾瑞数据显示，大众用户出游在春夏两个季节有明显的增长趋势，旅游用户的出行欲望随着气温的回升不断增加。近六成的旅游用户是通过在线旅游网站来获取旅游景区的相关信息，从而制定自己的出行计划。对景区的需求最主要考虑的因素是景区的风景特色（65.1%），特别是出行当下的天气情况。此外对于景区的费用、食宿条件和安全程度也较为看重（见艾瑞联合去哪网于2018年发布的《中国在线旅游平台用户洞察报告》）。

通过调研，大众用户对景区的气象服务需求前5位主要是旅游出行穿衣指导、日游夜游天气概况，旅游目的地中长期天气，旅游目的地历史气候概况和景点门票、游记、攻略等方面。基于以上调研结果，旅游景区气象服务产品确定了实现功能的主线和方向。

（二）小众用户对景区的气象服务需求

旅游OTA马蜂窝报告提出现在用户的旅游出行存在两个改变。一是旅行动因在变，旅游的本质从消费山水转化为背后文化的附加值。特别是小众群体会通过到访影视剧的取景地、参加体育赛事或学习一项技能来确定去哪个景区旅游。二是体验需求在变，小众从观光游览升级为深度体验消费者，重心在于休闲度假、探亲访友和观光旅游三个方面，停留时间也从打卡景点逐渐升级为时间长、人均消费高的体验游。因此，以天气影响为主的滑雪游、高尔夫游、马拉松赛事游等运动休闲项目逐渐受到小众群体的喜爱和关注。

为了进一步满足小众用户的特殊需求，旅游景区产品也挖掘特色产品模块，开发特色游路线服务，通过短视频和直播手段对用户进行景区引导消费。

三、产品研究

（一）产品介绍

中国天气网基于自身景点天气大数据优势，集中融合OTA线上旅游景点信息资源，2019年5月全新上线"旅游景点天气"WAP产品。

"旅游景点天气"产品覆盖2.5万个景点，突出"全天日游、夜游""周末游""历史天气"等内容，主要围绕天气智能提示、景点介绍攻略等信息，为旅游目的地用户，提供外出旅游所需的一体化天气服务解决方案，解决用户在旅游中不知如何穿衣、何时赏花、临近天气影响、查询历史天气概况、查询景点地址信息等具体需求（图1）。

图1　旅游景点天气产品页面

（二）功能介绍

"旅游景点天气"产品除了打造短期和中长期的预报服务外，还集合景区的历史天气、生活服务和景点发现信息等内容，突出天气变化对景区的影响。具体包含四大功能。

（1）景区实况天气提示功能：针对景区所在地，除了给出天气实况要素外，还针对用户关注的三大需求：紫外线强度、空气质量、临近降水等信息集中给出综合建议，让用户提前判断天气变化，调整游览行程策略。

（2）历史天气查询功能：针对异地差旅用户出行，给出全国3240个县级以上城市的气候概况，提供全年逐月景区所在地近30年历史平均的6种天气要素信息，以及过去一年空气质量信息做参考，满足逃离雾霾群体的真实需求。

（3）四类人群穿衣服务功能：基于服装厚度算法，将穿衣指数细化为女士、男士、老人、儿童四类人群的着装建议，根据面料不同提供用户多种选择，满足精细化的穿衣需求，并以通俗易懂的icon形式显示页面中，为下一步引导用户购买做了铺垫。

（4）景区综合信息服务功能：该模块为了方便用户了解景区门票、介绍、位置等信息，将OTA线上旅游网站穷游网、马蜂窝景区信息进行合作引入，将其APP中的声音旅游、短视频、景点问答、游记攻略等多种新媒体形式的信息以feeds流的形式融合到页面中，给出用户全面的景区信息。

（三）特色产品

为突出个性化景区天气产品，依照景区的特点属性，很多旅游天气服务产品中还增加了花期预报、赛事预报、景观预报等特色内容，增强了每个景区的独特性。

1. 花期预报

花期预报数据从2015年起，以图形产品的方式推出后，受到用户关注，2017年后各省集中对花期预报做了数据可视化产品，受到广泛好评。2019年，为了让花期数据具有科学性和系统性，结合天气要素算法，研发出覆盖国内外29个省近2000余个赏花点和5个赏花类别的花期预报数据，精确度可到"天"。

在应用服务中，用户对荷花、牡丹花的花期预报反馈较好，特别是有些用户通过反馈系统，将不准确的花期情况进行反馈，从而提升了花期数据的准确性。如图2所示。

2. 开/闭幕式赛事预报

北京旅游的发展目标是"增强北京旅游的国际吸引力和竞争力"，对于国家级也是如此。中国天气网针对2018年初的"平昌冬奥会和冬残奥会开闭幕式八分钟"，研发出针对单一格点做出赛事活动的精细化天气预报产品。不仅全面展示了逐1小时/3小时精细化数据服务能力，还针对美国、日本和欧洲天气预报的数据进行综合比对，提升精准查询程度，该服务产品受到组委会好评。如图3所示。

3. 景观预报

景观预报是一个庞杂的天气领域，近年来很多国内景区都联合当地气象局推出雾凇景观、云海预报、彩虹预报、朝/晚霞预报等。景观预报的算法主要是根据景区时空特点，统计分析相应景观出现时所满足的气象条件，从中找出规律，筛选出影响较大的气象因子，从而建立相应的指数算法模型，为公众提供服务。

中国天气网2018年针对彩虹预报做出尝试，并安排记者成功追到彩虹；

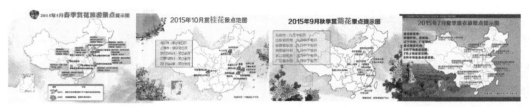

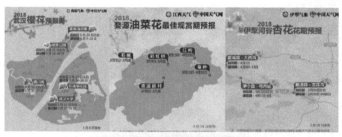

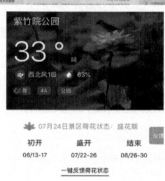

图2　花期预报产品演变过程

图3　专题服务产品页面

2019年8月，中国天气网在重庆发布了国内首个星空预报；2019年初，黄山景区推出云海预报和朝/晚霞预报服务；2018年初，墨迹天气推出的枫叶预报、彩虹预报也深受欢迎，如图4所示。

图4　特色景观预报产品案例

四、应用与运营

（一）应用场景多元化

从智慧景区场景出发，高德地图已跨界争夺"旅游大数据"生意，通过定位等方式，获取景区内各个景点、配套设施的实时人流量数据。智慧景区系统的一项2B功能就是为景区分发营销信息、寻找目标游客并进行引导，带动客流和门票，这也是景区最直接的需求之一。同时，景区运营方对于旅游大数据、旅游信息的需求也将越来越多，特别是旅游天气精准数据。同城、艺龙等各类在线旅游平台，要细分场景，也需要天气数据做整合。

现如今，对于旅游场景的挖掘逐步深入，利用云计算和物联网打造的智慧旅游是推动行业发展和提升核心竞争力的必经之路。因此，结合海量的信息数据分析不同区域的用户需求、爱好以及习惯等，融合一手旅游资讯，利用技术，就可以为用户提供多种符合心意的旅游景区引导或给出最佳旅游计划。如图5所示。

图5　高德地图智慧景区产品和景区页面

（二）运营多渠道多元化

1.　产品转化景区落地运营

根据调研，用户出行多提前订票，景区门票移动端预订呈主要趋势。因此，旅游景点页面产品主要针对移动端，将产品运营的落地转化围绕景区门票购买、景区出行专车服务，自驾路线引导，景区特色服装、农产品购买，旅游团定制购买等内容服务上，为产品的运营实现落地转化，带动旅游景区的增值服务，同时带动产品流量变现。

2.　氧吧旅游活动运营

"中国天然氧吧"活动已经运营3年，建立了成熟的体系和规模，丰富了气象旅游产业体系。从第三届氧吧活动开展以来，已经将单一授牌的运营模式转变为农产品品质认证、景区特色产品售卖等多种运营模式。特别是将被评选为氧吧景区的特色农产品展与百姓互动，受到好评。"中国天然氧吧"会展推动创建成果持续落地（李仲广，2019），形成了多元化的景区产业链，景区农家特色产品也可在线上商城售卖，增加景区市场转化，实现价值。这种通过评选授牌到带货卖农产品的模式，为景区做了宣传，真正增加了景区收入。如图6所示。

图6 "中国天然氧吧"特色农产品展

3. 景区视频直播渠道运营

直播本质上是一种新型的社交媒体，是连接用户与商家，扩大品牌和销售手段的方法。当直播与旅游景区发生跨界融合，这种接地气的流媒体形式，更适合走出去，边走边拍。而旅游行业也正好需要直播，景区更需要直播带来客流量，可以说旅游直播是刚需。与此同时，通过直播红人KOL的引入，很多网络红人到旅游地"打卡"并赋予旅游地IP标签，让很多网友慕名而去，直接带动了客流量，提升了旅游景区的影响力，带动了旅游经济的发展。

综上所述，通过自媒体平台进行互动直播成为旅游景区产品的最新需求，因此，将短视频资源引入，同时让用户直播视频也成为气象服务亟待探索的产品领域。景区更需要通过直播景区打卡，直播美景和天气，以带来新的客流增量，增强市场动力。

（三）线下特色活动多元化

近几年，围绕旅游景区开展的线下活动多种多样，其中联合景区搞的赛事特色游、科普研学游受到景区欢迎（杨彬，2019），同时也逐渐形成经营模式。线下活动重点在于充分发挥气候和预报的优势，发现景区没有的气候资源，结合景区的个性化属性，为探索学习、休闲运动的旅游群体，开展相关线路定制和旅行。例如：与玉龙雪山景区联合组织高尔夫高端用户定制游，与北京马拉松组织联合开展马拉松赛事游，与避暑旅游景区开展气象科普研学游，与新疆特克斯景区开展摄影家采风游等，都是一种跨域的尝试，将逐步形成各自的产业链，从而形成规模化的系列活动案例，提升旅游气象服务品牌。

五、结论

由前文可知，在全域旅游理念的大环境下，面对跨域多元化的用户需求，旅游景区气象服务已经从单一气象预报时代发展为落地融合多元素的全新时代。一方面在旅游景点气象服务产品应用中,针对旅游景区提供一站式管家服务还需要旅游爱好者的反复检验,另一方面将线上旅游天气服务和线下旅游主题活动结合,利用全媒体直播等多种形式传播和转化,才能真正为特色旅游景区带来价值,提升客流量,丰富旅游市场,实现气象+旅游的双赢。

参考文献

李仲广,2019.积极开发"天然氧吧"丰富气象旅游产业体系〔R〕.北京:中国旅游研究院.

吴普,席建超,葛全胜,2010.中国旅游气候学研究综述〔J〕.地理科学进展,29(2):131-137.

杨彬,2019.探索气象旅游资源保护与利用新模式〔Z〕.

杨宏浩,战冬梅,吴丽云,等,2018.2018旅游经济运行盘点系列报告:旅游产业〔R〕.

牛羊天气指数保险助力锡林郭勒盟绿色发展

迎 春 玉 刚 燕 妮 高海林 郑 琳 贾克寒

（内蒙古自治区锡林郭勒盟气象局，锡林浩特 026000）

一、基本情况介绍

内蒙古锡林郭勒盟旱灾、雪灾频发，严重制约着牧业经济的发展。2016年锡林郭勒盟气象局主导创新全国首个县级牛羊天气指数保险。实践证明，此项工作经济和社会效益十分明显。2018年通过锡林郭勒盟政协提案，得到了内蒙古自治区政府和锡林郭勒盟委、行署的高度重视，已在全盟推广，牧民在发生旱灾和雪灾后均得到了保险补偿。锡林郭勒盟委、行署还把牛羊天气指数保险纳入"生态优先、绿色发展"规划和乡村牧区振兴战略规划，并授权当地气象部门负责日常管理。此项工作创新了气象服务新思路，开创了气象服务新局面，在防灾减灾、精准脱贫和乡村振兴等工作中发挥了无可替代的作用。

二、技术路线

根据锡林郭勒盟近年的雪灾、旱灾情况，结合草原类型和降水量分布情况，将全盟划分为中部、东北部、西北部、南部四个区域（中部：阿巴嘎旗、锡林浩特市；东北部：西乌珠穆沁旗、东乌珠穆沁旗、乌拉盖管理区；西北部：苏尼特左旗、苏尼特右旗；南部：正蓝旗、正镶白旗、镶黄旗、太仆寺旗、多伦县）。

（一）理赔依据

旱灾和雪灾数据以气象部门发布的数据为准。一是选择具有代表性的牧户（参保牧户每个苏木镇至少一户），草场经纬度，根据具体发生灾情上报盟气象局；二是利用卫星遥感确定受灾情况；三是联合查勘定损；四是根据实况天气指数和约定天气指数做出相应气象灾害预评估报告以及牧业保险理赔气象认证报告等。

在保险期间内，发生下列情形之一造成保险标的饲养成本增长，保险人按照保险合同的约定负责赔偿。依据气象部门提供的旱灾、雪灾数据计算理赔，中度干旱和重度雪灾赔付保额的50%、重度干旱和特大雪灾赔付保额的100%。

（1）雪灾。自11月1日开始，至次年4月30日止，由气象部门监测的降雪数据，满足表1所设定的重灾或以上等级条件时开始计算理赔。

表1　牧区雪灾等级表

雪灾等级	积雪状态		
	积雪掩埋牧草程度	积雪持续日数（d）	积雪面积比S
重灾	51%～70%	≥10	S≥40%
	71%～90%	≥7	
特大灾	71%～90%	≥10	S≥60%
	>90%	≥7	

（2）旱灾。在每年牧草生长期（六个阶段），有降水时，记录降水起止时间及相关气象要素数据；每个阶段结束后，以嘎查为单位，计算不同牧草类型、不同牧草生长期内相对蒸降差（w_d）达到旱灾等级标准（表2）开始计算理赔。

表2　不同草原类型旱灾相对蒸降差（W_d）等级标准
表2-1　东北部（草甸草原）

类型	中度干旱	重度干旱
全生育期	$1.3 \leq W_d < 1.6$	$1.6 \leq W_d$
返青—分蘖	$1.2 \leq W_d < 1.5$	$1.5 \leq W_d$
分蘖—抽穗	$1.1 \leq W_d < 1.4$	$1.4 \leq W_d$
抽穗—开花	$1.4 \leq W_d < 1.7$	$1.7 \leq W_d$
开花—成熟	$1.3 \leq W_d < 1.6$	$1.6 \leq W_d$
成熟—黄枯	$1.3 \leq W_d < 1.6$	$1.6 \leq W_d$

表2-2　中部和南部（典型草原）

类型	中度干旱	重度干旱
全生育期	$1.0 \leq W_d < 1.3$	$1.3 \leq W_d$

类型	中度干旱	重度干旱
返青—分蘖	$0.9 \leqslant W_d < 1.2$	$1.2 \leqslant W_d$
分蘖—抽穗	$0.8 \leqslant W_d < 1.1$	$1.1 \leqslant W_d$
抽穗—开花	$0.8 \leqslant W_d < 1.1$	$1.1 \leqslant W_d$
开花—成熟	$0.9 \leqslant W_d < 1.2$	$1.2 \leqslant W_d$
成熟—黄枯	$1.0 \leqslant W_d < 1.3$	$1.3 \leqslant W_d$

表2-3　西北部（荒漠草原）

类型	中度干旱	重度干旱
全生育期	$1.3 \leqslant W_d < 1.7$	$1.7 \leqslant W_d$
返青—展叶	$1.0 \leqslant W_d < 1.4$	$1.4 \leqslant W_d$
展叶—分枝形成	$1.0 \leqslant W_d < 1.4$	$1.4 \leqslant W_d$
分枝形成—成熟	$0.9 \leqslant W_d < 1.3$	$1.3 \leqslant W_d$
成熟—黄枯	$1.0 \leqslant W_d < 1.3$	$1.3 \leqslant W_d$

（3）特大自然灾害。在保险期间内因特大自然灾害（雪灾、水灾、地震、沙尘暴等）导致投保农牧户、新型经营主体肉羊死亡量达到投保肉羊数量的60%以上的按照最高保额187.5元/只的标准进行封顶理赔。

（二）保险费率、保额比例及赔偿计算标准

肉羊气象指数保险费率为8%，最高保额为187.5元/只。赔付保额比例具体见表3。

表3　雪灾、旱灾赔付保额比例

区域	雪灾赔付保额比例	旱灾赔付保额比例
中部	40%	60%
东北部	60%	40%
西北部	35%	65%
南部	55%	45%

每只保险肉羊的保险金额按照灾害发生期间产生的饲养成本合理确定。

1. 雪灾

保险金额=实际发生灾害天数×3元（饲养成本）×赔付保额比例；

重灾：实际发生灾害天数×3元×50%（赔付保额比例）；

特大灾：实际发生灾害天数×3元×100%（赔付保额比例）。

2. 旱灾

保险金额=实际受灾天数×2元（饲养成本）×赔付保额比例；

中度旱灾：实际受灾天数×2元×50%（赔付保额比例）；

重度旱灾：实际受灾天数×2元×100%（赔付保额比例）。

三、解决的难点

（1）牧民抵御市场风险和自然灾害的能力十分有限。此保险抓住了牧区畜牧业风险保障的关键点，从根本上有效解决了牧区气象灾害风险多方分担机制问题。

（2）气象部门利用天、地、空一体化打造"数字气象"监测网，让气象数据成为衡量灾情的"一把尺"，解决了边疆地区地广人稀、保险理赔实地取证难度大的问题。

（3）气象部门的参与，大大提高了此保险的"含金量"，促使保险属性从商业转为政策主导，自治区、盟（市）、旗（县）三级政府以40%、15%、15%的比例对投保人进行补贴，牧民仅需支付30%，这不仅巩固了资金保障，还解决了此保险持续发展问题。

（4）气象部门利用科技优势，能够实现分地区、分险种建立具有公信力的评估方法体系，解决了因保险机构主观定灾定损公信力低、权威性不足的问题。

四、工作着力点

（1）应势而谋，保险凝聚三级政府合力，推动乡村牧区振兴战略。在盟旗人大议案和政协提案推动下，自治区、盟、旗三级政府与保险公司共同推进，将商业保险转变为政策性保险，并授权气象部门负责日常管理此项工作，同时将其纳入盟委、行署"生态优先、绿色发展"规划和乡村牧区振兴战略规划。

（2）因势而动，气象数据变为一把标准尺，提升部门话语权。为确保保险"据实理赔，科学理赔"，气象部门制定了保险理赔标准，成为"定量、定灾、定损"的一把标尺，提升了气象部门主导权和话语权。

（3）顺势而为，打造保险评估工作"三个一"。

一平台——智能化服务工作平台。同化不同来源、格式、时空分辨率的观测数据，获取高时空分辨率格点化陆面要素监测信息，自主研发"肉羊保险气象服务系统"，每日跟踪监测全境20.3万千米²850个嘎查（行政村）的灾情演变，真正发挥了观测资料科学支撑社会经济需求。

一体系——融媒体气象信息传播体系。立足内蒙古自治区首个语言类标准化技术委员会，通过手机APP、微信公众号、微信小程序等新媒体开展蒙汉语气象服务，建立集约化融媒体气象信息传播体系，使牧民"收得到、看得懂、用得上"。

一模式——打造气象服务与保险行业、脱贫攻坚、防灾减灾互融模式。气象部门服务围绕需求、效益推动科技创新和气象业务深度融合，发展交叉领域研究型业务，打造气象服务与保险行业、脱贫攻坚、防灾减灾联动，需求精准对接，共建共享共治气象服务新模式。

五、效益价值

（1）决策效益。近日，中国气象局党组成员、副局长于新文在锡林郭勒盟调研指导工作时，对牛羊天气指数保险气象服务工作给予了高度评价，认为服务有特色，可借鉴、可推广。地方党委、政府多位领导书面批示要求全面总结、分析评估、扎实有效地开展好此项工作。

（2）社会效益。此项工作得到了广大牧民的高度认可，在锡林郭勒盟地区实现了全覆盖。气象部门成为保险理赔定灾定损的"裁判"，为政府决策"据实"，赢得"买授"各方信赖。有效化解了牧业地区因灾致贫、返贫风险，实现扶贫从"输血"向"造血"转变。

（3）经济效益。自2016年以来投保数增长6倍。2018—2019年度投保达832万只，投保金额1.2亿元，理赔额约3.2亿元。气象部门服务工作经费收入达到305万元。

（4）生态效益。该保险为国家实行的草畜平衡制度和草原奖补机制的有效落实提供了科学支撑，为建立和完善牛羊天气指数保险长效机制提供了科学依据，树立"生态优先、绿色发展"理念，推进了从"多养"向"精养、优养"转变，促进牧业增效、牧民增收、草原增绿相统一。

助力贫困县旅游发展 推动基层气象产业
服务多元化应用

——周至县"中国天然氧吧"气候资源与条件评估

张祥勇 高 勇 陈欣昊

（陕西省周至县气象局，周至 710400）

为进一步研究气候与旅游之间的关联，评估区域气候的休闲旅游适宜程度，利用周至县1980—2018年气象资料和2015—2017年空气负氧离子等监测资料，重点分析了全省旅游气候要素，采用天然氧吧评价指标对周至"中国天然氧吧"创建条件进行了评估，报告顺利通过审查和复核，2018年周至县成功申创成为陕西省第二批"中国天然氧吧"地区。

按照《国务院办公厅关于促进全域旅游发展的指导意见》中关于各地推动旅游与气象融合发展，开发建设天然氧吧等产品供给要求以及《市委主要领导包抓周至县脱贫攻坚行动计划（2017—2019年）》的文件精神，为充分发挥气象助力周至脱贫攻坚的作用，突出生态文明建设，2018年，西安市气象局、周至县气象局全力助推周至县申报创建"中国天然氧吧"项目，践行"绿水青山就是金山银山"的理念。

天然氧吧是指大气负氧离子水平较高、空气质量较好、气候较舒适，生态环境优越、配套设施完善，适宜生态、康养、休闲、度假的地区。随着空气污染等环境问题的日益恶化，优美的人居环境及旅游憩息地越来越受到人们的推崇，以洁净空气为主体的主题旅游成为未来旅游发展的方向，由此，"天然氧吧"的创建活动应运而生，这是评价旅游气候及生态环境质量，发掘高质量的旅游憩息资源，倡导绿色生态的生活理念，发展生态旅游、健康旅游的重要活动。但是国内一直缺少一个权威的机构、一套完整的评价体系来进行"中国天然氧吧"的评定。2015年中国气象局成立了中国气象服务协会旅游气象委员会，开始开展旅游气象气候资源的评价、旅游气象行业标准制定的工作。

"中国天然氧吧"创建是评价旅游气候及生态环境质量，发掘高质量的旅游憩息资源，倡导绿色、生态的生活理念，发展生态旅游、健康旅游的重要活动。周至自然风光旖旎俊秀，历史文化积淀深厚，境内负氧离子水平高，空气质量好，气候环境优越，适宜旅游、休闲养生，申报条件优良。目前，生态环境保护工作十分重要，关注"天然氧吧"，首先要关注气候生态环境。经过申请、初审、复核等多重环节，2018年周至县成功申创成为陕西省第二批"中国天然氧吧"地区。

近年来，国内外专家对旅游气候资源的评价分析有不少研究。吴普等（2010）研究了旅游者对气候变化的响应以及气候变化对旅游业的影响，提出了旅游业对气候变化的适应与对策。陶生才等（2017）对玉门市旅游气候舒适度进行了评价分析，构建了舒适度指数模型。还有一些研究表明（薛海源等，2015；岳旭等，2018；Sott et al.，2016），气候舒适度指数水平与旅游客流量也表现为正比关系。人居气候舒适度是以人类机体与近地大气之间的热交换原理为基础，从气象角度评价人体在不同的天气条件下舒适感的一项生物气象指标。近年来，随着国民经济的发展，人民对生活质量的要求不断提高。"气候舒适度指数"作为气象部门拓展气象服务的一项重要内容应运而生。研究气候舒适度的意义在于提示人们根据气象因素的变化来及时调节生理、适应环境以及采取一些防范措施。

为了挖掘生态旅游、健康旅游资源，进一步推进生态旅游发展，并总结天然氧吧项目创建的各项工作，本文利用周至1980—2018年近40年气象资料和2015—2017年共计3年负氧离子监测资料，重点分析我县旅游气候要素、大气质量、水质状况的时空分布特征，对周至县气候特征及人居气候舒适度条件进行了评估，并进一步研究气候与旅游之间的关联，评估区域气候的休闲旅游适宜程度，为周至县旅游气象资源挖掘提供科学参考。

一、资料与方法

（一）资料选取

本文选用西安市八个国家气象监测站1980—2018年气象观测数据，包括日照时数、气温、降水量、降水日数、相对湿度、有效风力等气象资料。负氧离子数据选取的监测站位于周至县南部山区厚畛子镇后沟，选取2015—2017年共计3年的负氧离子浓度数据。

（二）"中国天然氧吧"基本条件及指标计算

"中国天然氧吧"申报对象为我国境内气候舒适，生态环境质量优良，配套完善，适宜旅游、休闲、度假、养生的区域，包括县（县级市）行政区域或规模以上旅游区（旅游区面积不小于200千米²），并且具备以下基本条件：1）气候条件优越，年人居环境气候舒适度达"舒适"的月份不少于3个月；2）负氧离子含量较高，年平均浓度不低于1000个/厘米³；3）空气质量好，年平均AQI指数不得大于100，一年中空气质量优良天数不低于70%；4）生态环境优越，生态保护措施得当、旅游配套齐全，服务管理规范。其中，人居环境舒适度是指健康人群在无需借助任何防寒、避暑装备和设施的情况下对气温、湿度、风速和日照等气候因子感觉的适宜程度。国家质量监督检验检疫总局将人居环境气候舒适度分为寒冷、冷、舒适、热、闷热 5 个等级（表1），其中全年舒适度等级为3级的月份是天然氧吧创建的主要评价指标之一。

表1　西安市8个国家气象监测站点空间分布

等级	感觉程度	温湿指数	风效指数	健康人群感觉描述
1	寒冷	＜14.0	＜−400	感觉很冷，不舒适
2	冷	14.0～16.9	−400～−300	偏冷，较不舒服
3	舒适	17.0～25.4	−299～−100	感觉舒适
4	热	25.5～27.5	−99～−10	有热感，较不舒服
5	闷热	＞27.5	＞−10	闷热难受，不舒服

温湿指数计算公式：

$$I = T - 0.55(1 - RH)(T - 14.4) \tag{1}$$

式中，I为温湿指数；T为某一评价时段平均温度（单位：℃）；RH为某一评价时段平均空气相对湿度（单位：%）。

风效指数计算公式：

$$K = -(10V^{1/2} + 10.45 - V)(33 - T) + 8.55S \tag{2}$$

式中，K为风效指数；V为某一评价时段平均风速（米/秒）；T为某一评价时段平均温度（单位：℃）；S为某一评价时段平均日照时数（单位：小时）。

（三）度假气候指数

旅游气候指数（Tourism Climate Index，TCI）是20世纪80年代德国学者提出用于评价区域气候的休闲旅游适宜程度，用于气候与旅游之间的相关问题研究，经不断地改进和优化，被国内外学者广泛使用。2013年最新提出的度假气候指数（Holiday Climate Index，HCI）较为引人关注，其构建方式与TCI基本相同，适宜度评级分类标准与TCI指数一致，但在一些方面它对TCI指数进行了再次改进和完善。如HCI指数基于旅游市场客流量的统计数据，赋予分项指标权重，替代了TCI指数的问卷调查方式，即权重赋值更具有客观性；HCI指数选用"云量"替代了TCI指数中的"日照"因子，其考虑了云的观赏性；HCI指数反映的时间尺度比TCI指数也相应有提高。

$$I_{HCL} = 4T + 2A + (3R + V) \tag{3}$$

HCL由3个因子按照不同比例构成，分别是：热舒适因子T，占40%，表示人体在不同湿度下对温度高低的感觉；审美因子A，通过云量的多寡来表示，占比20%；物理因子P，通过降水量（R）和风速（V）来表征，占40%，各项分数通过查表得到，最终，对应的旅游气候分级标准如表2所示。

表2　HCL（%）旅游气候分类标准

90～100	80～89	70～79	60～69	50～59	40～49	30～39	20～29	10～19
理想状况	特别适宜	很适宜	适宜	可以接受	一般	不适宜	很不适宜	特别不适宜

二、结果与分析

（一）气候资源

秦岭北部的西安属暖温带半湿润大陆性季风气候，四季分明。冬季，处于强大的西伯利亚、蒙古高气压南侧，受制于极地大陆气团，天气寒冷干燥；夏季，处于印度低气压和印缅低压槽的东北部与西太平洋副热带高气压西侧，热带海洋气团和极地大陆气团常在本区上空交绥，或被单一的热带海洋气团控制，炎热多雨，且多雷暴大风等天气；春、秋二季处在冬、夏季风交替的过渡时期，春季升温迅速且多变少雨，秋季降温迅速又多连阴雨天气出现。周至位处西安西部，年平均气温12.7℃（2006）～15.4℃（1984），年极端最高气温34.4℃（1983）～41.5℃（1998），极端最低气温-14.3℃（1991）～-5.4℃

（2001）。如图1所示，全年以7月温度最高，月平均气温26.7℃，极端最高气温为37.7℃；1月最冷，月平均气温0.3℃，极端最低气温为-7.9℃。降水年际变化很大，多雨年和少雨年雨量差别很大，两者最大差值可达788毫米。降水的季节分配也极不均匀，降水主要集中在5—10月，其中7—9月的雨量即占全年雨量的43%，且山区时有暴雨出现。

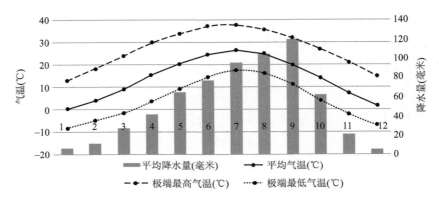

图1 近40年周至县月平均降水量、平均气温及极端最高、最低气温

（二）人居气候适宜性评价

利用周至县近40年（1980—2018年）气象资料，经过计算得出人居气候适宜度等级见表3。

表3 周至县各月相关指数及人居气候适宜度等级

月份	温湿指数	风效指数	等级	健康人群感觉的描述	感觉程度
1	3.51	-549	1	感觉很冷，不舒服	寒冷
2	6.10	-504	1	感觉很冷，不舒服	寒冷
3	10.24	-423	1	感觉很冷，不舒服	寒冷
4	15.19	-305	2	偏冷，较不舒服	冷
5	19.00	-205	3	感觉舒适	舒适
6	22.35	-113	3	感觉舒适	舒适
7	24.16	-87	3	感觉舒适	舒适
8	23.06	-121	3	感觉舒适	舒适
9	18.92	-215	3	感觉舒适	舒适
10	14.08	-306	2	偏冷，较不舒服	冷
11	8.72	-426	1	感觉很冷，不舒服	寒冷
12	4.44	-526	1	感觉很冷，不舒服	寒冷

从温湿指数来看，周至县5—9月气候舒适度为3级，人体感觉最舒适，4月和10月气候舒适度为2级，人体感觉偏凉；1—3月及11—12月，气候舒适度为1级，人体感觉冷，不舒适。综合分析，周至县人居环境气候舒适度舒适的月份为5—9月，合计5个月。

（三）适游期分析

利用最近40年的气候月平均资料，计算了周至县的度假气候指数（HCI）并取平均值，结果如表4所示，按照HCI旅游适宜期评级分类标准（Scott D et al.，2016），除2月外，全年有11个月适宜旅游出行；5个月份为"适宜期"；3个月份为"很适宜期"；3个月份为"特别适宜期"，即夏季人们避暑的好去处，光照、温度、湿度、云量均适中，气候宜人，景色优美。

表4　周至县各月度假气候指数（HCI）

月份	T	A	R	V	得分	
1月	3	6	9	10	61	适宜
2月	3	5	9	10	59	可以接受
3月	4	5	9	10	63	适宜
4月	6	5	9	10	71	很适宜
5月	7	5	9	10	75	很适宜
6月	9	5	9	10	83	特别适宜
7月	10	5	8	10	84	特别适宜
8月	10	5	8	10	84	特别适宜
9月	7	4	8	10	70	很适宜
10月	5	5	9	10	67	适宜
11月	4	6	9	10	65	适宜
12月	3	7	9	10	63	适宜

（四）负氧离子浓度

良好的大气环境质量是旅游考虑的必要条件，并起着积极的导向作用，如大气负氧离子浓度也反映了大气质量的优劣程度。文中分析选取的监测站位处周至县南部山区厚畛子镇后沟，选取2015年1月—2017年12月监测站共计三年的负氧离子浓度数据进行统计，平均负氧离子浓度为3550.269个/厘米³，均超出世界卫生组织界定的清新空气标准（1000～1500个/厘米³），负氧离子等级为6级，景区空气特别清新，符合天然氧吧评定标准。

三、结论与讨论

文中重点分析了周至县气候旅游资源（光照资源、热量资源、水分资源等）时空分布，同时结合各地人体舒适度月份、森林覆盖率、旅游配套及交通便利情况，对周至县"中国天然氧吧"资源条件进行评估，并进一步对创建活动后的服务产业发展方向进行总结。

（1）周至县具有优良的天然氧吧旅游气候资源。气候温暖湿润，四季分明、降水充沛、江河水流丰盈，森林覆盖面积广，负氧离子等级高，气候舒适度舒适时长较长，符合天然氧吧生态环境评定标准。另外，周至县交通可到达性高，气候旅游舒适度较高，全年有11个月适宜休闲旅游度假，7月、8月度假气候指数高达84，旅游配套设备完善，交通便利，符合天然氧吧旅游资源及旅游配套评定标准。

（2）天然氧吧的创建，除为当地旅游资源的开发提供很好的宣传作用外，目前，作为气象部门，我们还在努力与社会相关资源做积极对接，围绕创建活动，前端发展生态业务，后端延伸产业链，进一步开发和打造中国天然氧吧品牌衍生产品，服务美丽中国建设。在氧吧中挖掘生态农业气候资源，为绿色生态农产品的气候资源价值厘定提供科学方法和精细服务，农民致富更有奔头。周至县猕猴桃已形成了"秦美""海沃德""翠香""华优""徐香""大叶红阳""瑞玉"等不同品种，早、中、晚熟合理搭配，红、黄、绿果肉色彩各异，鲜果、冷藏、加工、销售一体化发展的格局。我们将牢牢把握促农增收这一主线，提供专业的气象为农服务，鼓励和引导广大农户从事农业生产、农家乐民宿经营等与氧吧相关的产业，确保他们能充分享受"中国天然氧吧"带来的生态红利，并为推动基层气象产业服务多元化应用发展而努力。

参考文献

陶生才，雷淑琴，潘婕，2017. 1971—2014年玉门市旅游气候舒适度评价分析 [J]. 气象与减灾研究，40（2）：146-152.

吴普，席建超，葛全胜，2010. 中国旅游气候学研究综述 [J]. 地理科学进展，29（2）：131-137.

薛海源，陈海山，华文剑，2015. 内蒙古地区植被对气候变化的响应 [J]. 气象与减灾研究，38（2）：8-15.

岳旭，张小鹏，2018. 庐山申报国家气象公园的可行性分析 [J]. 气象与减灾研究，41（1）：79-82.

Scott D, Rutty M, Amelung B, et al, 2016. An inter-comparison of the holiday climate index (HCI) and the tourism climate index (TCI) in Europe [J]. Atmosphere, 7（6）：80.

伊春市气候舒适度和度假气候指数
适用性分析

黄英伟　　王　蕾　　阙粼婧

（黑龙江省气象服务中心，哈尔滨 150036）

本研究基于伊春市下属的五个国家级气象观测站1981—2010年逐日观测资料，分别应用人居环境气候舒适度和度假气候指数（HCI）对各站气候舒适度进行分析，并比较两种指数的表征能力。结果表明：伊春全域各月平均人居环境舒适度等级均在3级以下，6—8月为旅游度适宜假期；一年中有9～10个月HCI较高，为可以接受的旅游出行期，度假旅游的"不适宜期"出现在11月、12月和3月；度假气候指数（HCI）考虑较为全面，时间尺度更加精细，对旅游适宜期的评价力度较人居环境气候舒适度等级适用性更好；两类指数均没有考虑到季节差异，对于评价伊春市冬季旅游适宜度适用性较差。

一、引言

气候和环境资源是自然风景类旅游资源的重要组成部分，气候舒适程度不但是游客出游选择的主要考虑因素之一，能够影响旅游质量，而且还决定了旅游活动期的长短（黎馨等，2018）。2012年实施的人居环境气候舒适度评价标准（中国气象局，2011），通过温湿指数和风寒指数评价各地的气候适宜度，从而确定旅游适宜期；Tang（2013）提出度假气候指数（HCI）用来表征某个地区的气候旅游舒适度；张波等（2017）、冯新灵等（2006）利用不同评价指标对特定区域的旅游气候资源进行评价。但是，考虑到旅游活动的多样性，尤其不同地区、不同季节的自然风光和旅游特色各异，用同一种评价条件判断全国气候差异巨大的各个地区的旅游适宜度，其标准是否具备普适性还需要进行进一步的讨论。

伊春市地处黑龙江省东北部小兴安岭腹地,松花江、黑龙江两大水系之间,总面积3.7万千米²,区域内多为山地和丘陵,海拔高度为100～600米,地域内有沿江和内陆,下垫面复杂,森林覆盖面积300多万公顷,覆盖率达82.2%,素有"林都"的美誉。伊春市属于寒温带湿润大陆性季风气候,四季分明,雨热同步,春秋两季节时间短促;夏季时长,气温平和,无酷暑天气,降雨较为集中;冬季寒冷干燥,多降雪。独特的自然景观与气候特质成就了其夏季避暑度假旅游热门城市的地位(张福娟等,2009;姜镇泞等,2015)。2013年以来,伊春市游客人数及旅游收入逐年稳步提升,2017年全年共接待旅游人数1257.6万人次,同比上年增长25.4%,旅游收入112.97亿元,同比增长29.6%(高玉娟等,2019)。旅游产业为伊春市创造了巨大的经济效益,旅游业的迅猛发展对旅游气象服务保障也提出了更高的要求。在此背景下,计算全市各区县气候舒适度和度假气候指数,分析各类旅游气象指数在伊春市的适用性,可以为合理评估和开发利用伊春市旅游气候资源提供科学依据,在指导游客出行、减少旅游安全事故、降低景区因灾损失等方面发挥更加积极的作用。

二、资料与方法

(一)资料来源

研究资料采用伊春市下属的伊春、嘉荫、乌伊岭、五营、铁力五个国家级气象观测站1981—2010年逐日平均气温、降水量、最大风速、平均风速、日最高气温、日最低气温、相对湿度等观测资料。

(二)处理方法

1. 气候舒适度

本文根据2012年3月1日实施的中华人民共和国国家标准《人居环境气候舒适度评价》(GB/T 27963—2011)的规定,计算方法及人居环境舒适度等级的划分标准如表1所示(中国气象局,2011)。

表1 人居环境气候舒适度等级划分表

等级	感觉程度	温湿指数	风效指数	健康人群感觉的描述
1	寒冷	<14.0	<-400	感觉很冷,不舒服
2	冷	14.0～16.9	-400～-300	偏冷,较不舒服
3	舒适	17.0～25.4	-299～-100	感觉舒适
4	热	25.5～27.5	-99～-10	有热感,较不舒服

等级	感觉程度	温湿指数	风效指数	健康人群感觉的描述
5	闷热	>27.5	>-10	闷热难受,不舒服

考虑温度、湿度、风速、日照等因素,计算温湿指数(I)、风效指数(K),分析1981—2010年伊春市各站点各月旅游气候舒适度等级。

温湿指数I计算公式见式(1):

$$I=T-0.55\times(1-RH)\times(T-14.4) \tag{1}$$

式中,I为温湿指数,保留一位小数;T为某一评价时段平均温度(℃);RH为某一评价时段平均空气相对湿度(%)。

风效指数K计算公式见式(2):

$$K=-(10\sqrt{v}+10.45-V)(33-T)+8.55S \tag{2}$$

式中,K为风效指数,取整数;T为某一评价时段平均温度(℃);V为某一评价时段平均风速(米/秒);S为某一评价时段平均日照时数(小时/天)。

当两种指数不一致时,冬半年使用风效指数;夏半年使用温湿指数。评价时段平均风速大于3米/秒的地区使用风效指数。

2. 度假气候指数(HCI)

本文根据Tang(2013)在2013年提出的度假指数(HCI)计算方法,通过热舒适因子T、审美因子A、物理因子P对伊春市各站度假气候指数(HCI)进行分析,各因子所占权重见表2。

表2 度假气候指数(HCI)的组成

影响因子	气候变量(单位)	权重(%)
热舒适(T)	日最高气温T_a(℃) 日平均相对湿度RH(%)	40
审美(A)	云覆盖率(%)	20
物理(P)	日降水量(毫米)	30
	风速(米/秒)	10

热舒适因子表示人体对温度高低的感觉,通过日最高气温和日平均相对湿度根据式(3)获得的有效温度(T_E,即环境温度经过湿度订正后的人体实感温度)来表征;审美因子通过云量的多寡来表征;物理因子通过降水量(R)和风速(V)来表征。

$$T_E=T_a-0.55(1-RH)(T_a-14.4) \tag{3}$$

式中，T_E：有效温度（℃）；T_a：环境温度（℃）；RH：相对湿度（用小数表示）。

通过查看度假气候指数（HCI）评分方案表得到各因子分值，然后根据式（4）计算HCI，其值处于0～100之间，对应的度假气候指数HCI的分级标准如表3、表4所示。

$$HCI=4T+2A+(3R+V) \tag{4}$$

表3　度假气候指数（HCI）评分方案表

得分	有效温度（℃）	日降水量（毫米）	云覆盖率（%）	风速（千米/小时）
10	23～25	0	11～20	1～9
9	20～22 26	<3	1～10 21～30	10～19
8	27～28	3～5	0 31～40	0 20～29
7	18～19 29～30		41～50	
6	15～17 31～32		51～60	30～39
5	11～14 33～34	6～8	61～70	
4	7～10 35～36		71～80	
3	0～6		81～90	40～49
2	−5～−1 37～39	9～12	>90	
1	<−5	>12		
0	>39	>25		50～70
−1				
−10				>70

表4　度假气候指数（HCI）分级标准

90～100	80～89	70～79	60～69	50～59	40～49	30～39	20～29	10～19
理想状况	特别适宜	很适宜	适宜	可以接受	一般	不适宜	很不适宜	特别不适宜

三、旅游气象指数适用性分析

（一）伊春市气候舒适度

根据伊春市五个站点1981—2010年日平均气温、相对湿度、平均日照时数和平均风速的气候资料，计算得到伊春市各站各月人居环境舒适度等级（见表5）。其中，伊春全域各月平均居住环境人体舒适度等级均在3级以下，说明全年无炎热天气；伊春、嘉荫和铁力6—8月气候舒适度处于舒适等级，其他月份均为寒冷等级，五营和乌伊岭7—8月气候舒适度处于舒适等级，5月气候舒适度处于冷等级，其他月份均为寒冷等级。

表5　1981—2010年伊春市各月气候舒适度等级

月份	感觉程度				
	伊春	五营	嘉荫	乌伊岭	铁力
1月	寒冷	寒冷	寒冷	寒冷	寒冷
2月	寒冷	寒冷	寒冷	寒冷	寒冷
3月	寒冷	寒冷	寒冷	寒冷	寒冷
4月	寒冷	寒冷	寒冷	寒冷	寒冷
5月	寒冷	寒冷	寒冷	寒冷	寒冷
6月	舒适	冷	舒适	冷	舒适
7月	舒适	舒适	舒适	舒适	舒适
8月	舒适	舒适	舒适	舒适	舒适
9月	寒冷	寒冷	寒冷	寒冷	寒冷
10月	寒冷	寒冷	寒冷	寒冷	寒冷
11月	寒冷	寒冷	寒冷	寒冷	寒冷
12月	寒冷	寒冷	寒冷	寒冷	寒冷

由此可知，伊春市夏季少有炎热不适，适宜开展避暑旅游，但春、秋、冬三季气候舒适度均处于冷或寒冷等级，按照人居环境气候舒适度评价标准认为感觉很冷，不舒服，不利于开展旅游活动。结合实际情况具体分析，温湿指数影响因子为气温和湿度，其中气温对温湿指数的影响占主要地位，选取伊春市纬度最低的铁力站和纬度最高的五营站为代表，对比1981—2010年两站点各月平均气温和温湿指数（见图1），可以看到温湿指数与气温呈正相关，平均气温在14℃以下的月份其温湿指数也小于16，均为不舒适等级，按此标准，铁力

全年有9个月均为处于不舒适等级，而五营较铁力相比纬度更高，平均气温更低，导致人居环境舒适度全年有10个月均处于不舒适等级。同样，气温对风效指数的影响也很重要，对比1981—2010年两站点各月平均气温和风效指数（见图2），其中平均气温在14℃以下的月份其风效指数也小于-300，同样处于不

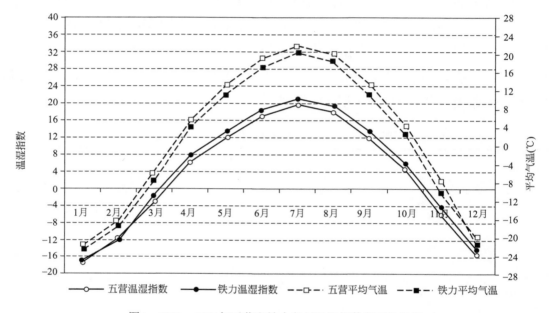

图1 1981—2010年五营和铁力各月温湿指数和平均气温

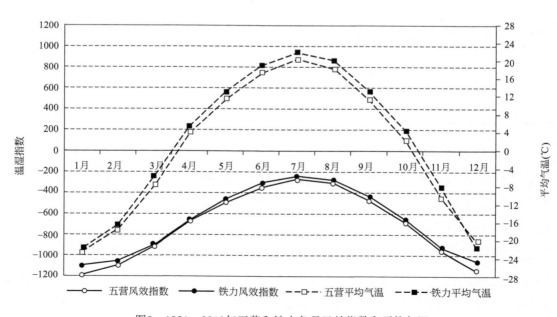

图2 1981—2010年五营和铁力各月风效指数和平均气温

舒适等级。

由以上分析可知，由于伊春市春、秋、冬三季的平均气温较低，导致使用温湿指数和风效指数为标准评价人居环境气候舒适度时会造成评分偏低的结果，若再以这种方法计算出来的气候舒适度作为确定旅游适宜期的参考条件，那么伊春市将只有夏季的2～3个月可以被确定为旅游适宜期。

（二）伊春市度假气候指数（HCI）

按度假旅游指数的旅游适宜期评级分类标准，可以计算出伊春市五个站点各月的独家气候指数以及其对应等级（见表6），嘉荫县全年有10个月为游客可以接受的旅游出行期，伊春、五营、乌伊岭、铁力市全年均有9个月为可以接受的旅游出行期。其中，伊春、五营、嘉荫、铁力6月至8月为度假旅游的"适宜期"，乌伊岭则只有7月和8月为度假旅游的"适宜期"；铁力有4个月为度假旅游的"可以接受期"，分别为1月、2月、5月和9月，其他站点均有2个月为度假旅游的"可以接受期"，伊春、五营、嘉荫都为5月和9月，乌伊岭为2月和6月；伊春、五营和铁力的一般度假旅游期均有4个，前二者为1月、2月、4月、10月，后者为3月、4月、10月、11月，嘉荫和乌伊岭则均有5个月为一般度假旅游期，前者为1—4月、10月，后者为1月、4月、5月、9月和10月。

表6　1981—2010年伊春市各月度假气候指数（HCI）及等级

月份	伊春		五营		嘉荫		乌伊岭		铁力	
	HCI值	等级	HCI值	等级	HCI值	等级	HCI值	等级	HCI值	等级
1月	43	一般	43	一般	43	一般	45	一般	52	可以接受
2月	47	一般	47	一般	45	一般	54	可以接受	56	可以接受
3月	39	不适宜	39	不适宜	42	一般	39	不适宜	41	一般
4月	45	一般	45	一般	45	一般	45	一般	45	一般
5月	53	可以接受	53	可以接受	51	可以接受	47	一般	53	可以接受
6月	63	适宜	63	适宜	63	适宜	59	可以接受	63	适宜
7月	63	适宜	63	适宜	63	适宜	63	适宜	63	适宜
8月	61	适宜	63	适宜	63	适宜	63	适宜	65	适宜
9月	51	可以接受	53	可以接受	53	可以接受	49	一般	55	可以接受
10月	47	一般	43	一般	43	一般	43	一般	47	一般
11月	39	不适宜	39	不适宜	35	不适宜	35	不适宜	44	一般

续表

月份	伊春		五营		嘉荫		乌伊岭		铁力	
	HCI值	等级	HCI值	等级	HCI值	等级	HCI值	等级	HCI值	等级
12月	34	不适宜	34	不适宜	34	不适宜	36	不适宜	34	不适宜

从HCI值的月份分布来看（图3），6—8月为HCI的峰值区，HCI低值区有三个，分别为11月、12月和3月，最低出现在12月，全部站点的HCI值都低于40，处于度假旅游的"不适宜期"。

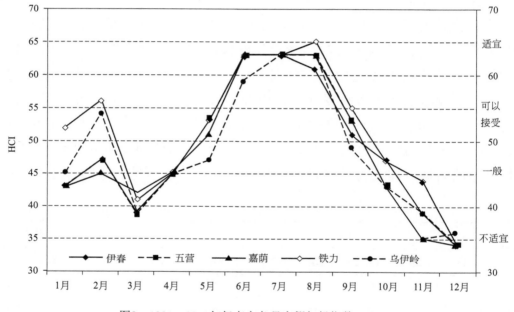

图3 1981—2010年伊春市各月度假气候指数（HCI）

产生上述结果的具体原因：伊春市11—12月气温偏低，天气严寒干燥，且纬度较高、日照偏少，将对旅游活动，尤其是风景类旅游造成较大的影响，3月的降雪和大风日数偏多，云量、降水量和风速成为影响人们出游的不利因素。

（三）伊春市气候舒适度和度假气候指数（HCI）适用性分析

人居环境气候舒适度等级的划分以月为时间尺度，有5个等级划分，主要表现了人体对周边环境的感受程度，很大程度上受到气温的影响，标准基于全国平均气候条件制定。而对于伊春市来说，除夏季以外的三个季节由于昼夜温差较大，平均气温偏低，导致气候舒适度等级偏低，旅游适宜期较短暂。实际上，9月伊春市进入秋季，小兴安岭层林尽染，五花山色风景秀美，此时雨量骤减，秋高气爽，对旅客们的出行和观光十分有利，早晚温度偏低也可以通过调整着装来调节，是秋季出游不错的选择；进入10月，伊春市冬季到来，虽然天气寒冷，但冰雪资源丰富，雪期长，对于喜欢冰雪的旅游爱好者来说，这里的10月至次年3月却是领略冰天雪地的最佳时节。所以，从实用性来看，人居环境气候舒适度等级由于对气温敏感性较强，降低了春、秋、冬季节的旅游适宜性，对于伊春市适用性较差。

度假气候指数（HCI）确定的旅游适宜期与人居环境气候舒适度等级确定的月份有所不同。由表2可知，HCI受日最高气温、日平均相对湿度、云覆盖率、日降水量和风速的影响，涉及的要素较为全面，并且以日为时间尺度，划分为9个等级，更加精细。通过HCI的表征，伊春市全年有9～10个月为可以接受的旅游出行期，总体上更符合实际情况，适用性更好。但是，对于冬季温度较低的月份，HCI值偏低，被评价为度假旅游的"不适宜期"。

另外，HCI计算时审美因子一项中选用"云量"替代了 TCI（Tourism Climate Index）中的"日照"因子，在考虑天气状况的同时还表征了云的观赏性，适用于春、夏，秋季节。但是伊春市冬季漫长，云量对冬季旅游活动的影响度较低，而冰雪资源却是最吸引游客的核心特色旅游资源，现有的HCI计算方法却没有对冰雪资源进行有效评价，因而无法全面衡量冬季旅游适宜度。因此，是否可以将"积雪深度"代替"云量"作为审美因子计算冬季度假气候指数，值得进一步探讨。

四、结论

（1）伊春全域各月平均人居环境舒适度等级均在3级以下；伊春、嘉荫和铁力6—8月气候舒适度处于舒适等级，五营和乌伊岭7—8月气候舒适度处于舒适等级，适宜旅游度假；其他月份均为冷或寒冷等级，不利于旅游活动开展。

（2）伊春市一年中有9～10个月HCI＞39，为可以接受的旅游出行期，其中6—8月为度假旅游的"适宜期"，而度假旅游的"不适宜期"则出现在11月、12月和3月。

（3）两类指数计算得到的伊春市旅游适宜期不同，人居环境气候舒适度等级由于对气温敏感性较强，标准偏高，适用性较差；度假气候指数（HCI）则涉及气温、风速、云量等多个方面，考虑较为全面，时间尺度更加精细，适用性更好。

（4）两类指数的计算均全年统计一个标准，没有考虑到各个季节的旅游特色和气候差异，尤其没有对冬季冰雪资源进行有效表征，对于评价伊春市冬季旅游适宜度适用性较差。

参考文献

冯新灵，罗隆诚，张群芳，等，2006. 中国西部著名风景名胜区旅游舒适气候研究与评价 [J]. 干旱区地理，29（4）：598-608.

高玉娟，陈乙滋，2019. 伊春市全域性生态旅游公共服务评价研究 [J]. 林业经济，41（4）：63-68.

姜镇泞，王华昕，2015. 伊春市旅游气候资源的人性化调查与评价 [J]. 科学技术创新（1）：62.

黎馨，葛意活，吴蒨茵，等，2018. 贺州市旅游气候资源评估分析 [J]. 气象研究与应用，39（2）：52-55+67.

张波，谭文，古书鸿，等，2017. 1961—2015年贵州省夏季旅游气候舒适度评价 [J]. 干旱气象，35（3）：420-426.

张福娟，张贵兰，郭艳秋，等，2009. 伊春地区旅游气候资源分析 [J]. 黑龙江气象，26（3）：24-24.

中国气象局，2011. 人居环境气候舒适度评价：GB/T 27963—2011 [S]. 北京：标准出版社.

Tang Mantan, 2013. "Comparing the Tuorism climate Index" in Major Eurpean Urban Destinations [D]. University of Waterloo.

附录1 气象产业相关文件规范
（2018—2019年）

附录1.1 关于深化局校合作工作的意见

气发〔2018〕88号

为深入学习贯彻习近平新时代中国特色社会主义思想和党的十九大精神，贯彻落实全国教育大会精神以及《教育部中国气象局关于加强气象人才培养工作的指导意见》，全面推进气象现代化建设，建立气象部门与高校紧密合作、共同发展的新模式，增强对气象科研业务的支撑能力，提高高校气象学科建设和人才培养水平，满足气象服务经济社会发展的需求，现就深化局校合作工作提出如下意见。

一、深刻认识局校合作对推进气象现代化建设的重要意义

1. 深刻认识局校合作的重要意义。气象事业是科技型、基础性社会公益事业。党的十九大站在新的历史方位对科技创新明确了新定位、提出了新要求、作出了新部署，为推进新时代气象科技创新，全面建成气象科技强国指引了方向。习近平总书记在全国教育大会上指出，教育是国之大计，党之大计。要提升教育服务经济社会发展能力，加快一流大学和一流学科建设，推进产学研协同创新。全球新一轮科技革命和产业变革正在加速演进，加快推动气象科技全面融入全球科技发展的大局，在数值预报、气象大数据处理等核心技术领域抢占制高点是实现我国从气象大国向气象强国迈进的关键环节。以发展智慧气象为引领，推动互联网、大数据、人工智能、云计算和气象的深度融合，有效整合和利用社会资源，加快气象事业优化升级，是新时代气象现代化对科技创新的迫切要求。高校是我国科技创新的重要力量，是培养各类高素质优秀人才的重要基地。中国气象局高度重视局校合作，新时代局校双方要在联合建立研究机构、通过科研项目等合作联合攻关关键核心科学和技术难题、培养高层次气象人才和资源共享、创新行业管理等方面形成"开放、互补、互利"的合作新局面。

2. 把握新时代深化局校合作的总体要求

总体思路。面向世界科技前沿和新时代气象现代化需求，把局校合作工作融入气象事业发展的总体布局中，提升高校服务气象事业发展的能力，围绕双方在气象核心技术攻关、一流学科建设以及高素质人才培养等方面的需求开展务实合作。充分利用中国气象局的技术装备优势和资料优势，结合高校的学科优势、学术优势、人才优势与信息优势，实现资源共享，促进双方的共同发展。不断拓展合作领域和合作方式，建立务实高效的合作机制。

总体目标。到2020年，高校成为破解气象核心技术的重要力量，进入气象部门的高校毕业生适应事业发展的能力显著增强，形成务实高效、互利共赢的合作机制。到2030年，高校成为气象事业发展的重要战略支撑力量，气象部门和高校协同发展的新机制完全建立。

二、深化务实合作与交流

3. 围绕气象核心技术开展联合攻关。鼓励国家级气象科研业务单位联合高校优势科技力量，围绕数值预报、智能网格预报、气象资料应用、气象灾害风险、人工影响天气等气象现代化核心技术组建创新团队，开展联合攻关；探索与高校建立联合基金支持气象核心关键技术攻关。联合参与第二次青藏高原综合科学考察研究、三极环境与气候变化大科学计划等国家重点科技任务。围绕重点合作任务，联合高校共同开展国家重点科技计划的设计和申报。支持气象科研业务单位与高校围绕综合观测、预报预测、气象资料、信息平台和人工影响天气等关键技术开展联合研发，加强科技成果与中试基地的对接。

4. 推动高校科技成果在气象部门转化应用。推动气象部门与高校互相承认科技成果认定结果，支持高校与气象业务单位共建成果转化中试基地，完善科技成果转化配套条件，鼓励通过中试的高校成果进入气象部门业务应用。充分利用气象部门和高校成果转化收益分配制度，增强高校教师向气象部门开展成果转化的积极性。联合高校共同改进和完善科技评价体系。鼓励气象科研业务单位联合高校共同申报国家级、省部级等各类科技奖励，支持高校申报气象科技成果奖。

5. 推进科教资源共建共享共用。支持气象科研业务单位联合高校围绕科研业务急需共建联合实验室、工程技术中心、科学试验基地等科技创新平台，围绕气象核心技术开展联合攻关。推进气象部门和高校所属重点实验室、科学试验基地、大型科学仪器设备以及气象资料、计算资源、科技情报的开放共享。支持符合条件的高校围绕气象学科发展建设和完善气象观测站、校园气象台等紧贴现代气象业务发展的教学设施。在大气科学相关高校和科研机构相对集中、优势明显的地区，开展大气科学创新中心建设。

6. **优化气象相关专业和人才结构**。建立以气象行业需求为导向的专业结构动态调整机制，共同推动气象学科发展，着重培养创新型、复合型、应用型气象人才。办好大气科学、应用气象学、大气物理与大气环境等专业及相关专业，推动高性能计算、大数据处理、人工智能等复合型人才培养。将气象国家标准、行业标准纳入相关气象课程的教学内容。

7. **建立联合培养研究生新机制**。推动应用型高层次气象人才培养，积极开展气象硕士专业学位申报工作。与高校围绕气象事业发展重大需求，联合建设一批专业学位研究生培养基地，共建硕士、博士联合培养点和博士后工作站。增加与高校联合培养博士研究生招生指标，吸引、聚集和定制化培养人才。

8. **建设高素质气象师资队伍**。局校双方支持高校气象教师参与气象科技研发，提高教师的气象教学水平和科学研究能力。面向高校骨干教师开展气象事业发展和现代气象业务专题培训，帮助教师改进教学的针对性和实效性。推动高校骨干青年教师赴气象科研业务单位挂职交流，增强教师实践能力。支持气象科研业务单位与高校开展高层次专家互聘，鼓励气象科研业务以及管理骨干参与高校教学和人才培养，推进气象骨干预报员赴高校开展客座交流。开展全国气象教学名师遴选工作，鼓励气象教师潜心教书育人。

9. **提升气象人才培养质量**。发挥气象行业主管部门的职能和优势，会同教育主管部门共同开展大气科学类专业认证工作。根据高校气象专业学生实习实践需要，依托有条件的气象台站和业务单位共同规划建设一批学生实习实践基地，统筹安排气象专业学生到基地参加实习实训。推进气象人才培养机制改革，局校双方共同制定培养目标、共同开设相关课程和编写教材、共同实施培养过程、共同评价培养质量，探索建立气象专业人才培养评价反馈机制，将合作高校打造成高素质气象人才培养的高地。

10. **构建气象人才招生、就业长效机制**。推进落实气象人才供需信息动态更新和通报机制。开展气象部门专业毕业生需求预测，支持高校根据需求适度扩大招生规模、优化招生结构。及时掌握高校气象专业学生信息，引导用人单位将毕业生接收工作前移，通过接收学生实习、预就业、提供奖学金等方式吸引学生就业。支持有关高校向西部省（自治区、直辖市）气象部门和艰苦气象台站定向培养气象专业学生。

11. 联合开展气象科普宣传。落实《全民科学素质行动计划纲要（2006-2010-2020）》要求，联合高校开展气象科技活动周、气象防灾减灾宣传志愿者中国行等大型科普活动，推进气象防灾减灾科普宣传活动进校园。支持高校建设气象科普教育基地，鼓励高校学生参与气象科普志愿者活动。与高校开展多种形式的合作与交流，增进高校师生对气象事业发展的了解。

12. 共同推进气象国际合作与交流。支持国家级气象科研业务单位联合高校共同发起国际合作研究计划，共同承担国际科技合作重大任务，共同举办国际学术会议及专题讲习班，共同建设国际合作人才后备库。继续支持有关高校加强世界气象组织区域培训中心建设，联合高校在气候变化等领域共建其他国际培训中心，联合高校促进发展中国家人员来华接受学历教育，共同推进"一带一路"沿线国家气象人才培养。

三、落实局校合作的保障措施

13. 完善务实高效的合作机制。发挥大气科学类专业教学指导委员会、全国气象职业教育教学指导委员会、气象人才培养联盟在高校本科、职业教育教学中的研究、咨询、指导、评估、服务等功能。建立局校合作座谈会、联席会议、联络员工作会议等定期交流机制，建立预报员与高校的客座交流机制。联合高校定期开展局校合作成效评估，遴选优秀合作高校，总结合作成效经验，提出改进意见和建议。

14. 强化局校合作保障。中国气象局将进一步加强局校合作的顶层设计和组织领导，与高校签订可考核可评估的务实合作协议，联合高校多渠道筹措资金，加强科技研发、科技成果转化、高校科教平台建设、气象教材编制等工作，制定并完善科技资源共享、科技成果转化、高层次人才交流等配套政策措施；中国气象局直属单位以及各省（自治区、直辖市）气象局要主动与合作高校沟通协调，落实中国气象局与合作高校的重点任务，并根据需求不断拓展局校合作领域和合作内容，形成互利共赢的局校合作新局面，为新时代气象现代化建设提供科技和人才支撑。

附录1.2　加强气象科技创新工作行动计划（2018—2020年）

气发〔2018〕108号

为深入学习贯彻习近平新时代中国特色社会主义思想和党的十九大精神，落实创新驱动发展战略，建设创新型国家和气象强国，统筹推进气象科技创新体系建设，加快实现气象科技突破，引领支撑新时代气象事业高质量发展，贯彻《国家创新驱动发展战略纲要》等一系列国家科技创新政策和中国气象局党组《关于增强气象人才科技创新活力的若干意见》（中气党发〔2017〕25号）等文件要求，加快推进气象现代化建设，制定本行动计划。

一、总体要求

以习近平新时代中国特色社会主义思想为指导，全面贯彻党的十九大精神，面向国家发展战略需求，面向世界科技前沿，面向气象现代化，紧密围绕《全面推进气象现代化行动计划（2018—2020年）》（气发〔2018〕65号，以下简称《现代化行动计划》）《智能网格预报行动计划（2018—2020年）》（气发〔2018〕37号，以下简称《网格预报行动计划》）等业务发展计划提出的科技需求，以提升气象科技创新整体效能为主线，统筹优化气象科技创新体系布局，聚焦核心技术攻关，深化科技体制改革，完善创新发展机制，着力增强核心科技创新能力。到2020年，气象科技研发队伍发展壮大，气象科研院所自主权进一步扩大，气象科技资源更加统筹优化；形成促进科研业务结合、有利于激发创新活力、潜心研究的科技创新环境；对气象核心业务的科技支撑能力、气象科技创新能力以及气象基础研究水平进一步提升，支撑引领气象现代化目标实现和气象强国发展。

二、主要任务

气象科技创新各主体要认真落实国家出台的系列科技创新政策，紧密围绕《现代化行动计划》和《网格预报行动计划》等业务发展计划涉及的核心技术，组织攻关，锐意改革，创新发展。

任务1：增强气象基础研究和核心技术攻关能力

—— **提升气象基础研究水平**。国家级气象科研院所和主要业务单位要在优势领域瞄准世界科技前沿，开展极端天气气候和气象灾害形成机理研究及科学试验，强化基础研究，提高大气科学认识水平，实现基础研究与应用研究融通创新发展。

—— **聚焦气象现代化核心技术攻关及应用研究**。完善高分辨率资料同化与数值天气模式，发展次季节至季节气候预测和气候系统模式，提高资料质量控制及多源数据融合与再分析技术水平，大力推进先进的无缝隙、全覆盖的智能网格预报系统建设，发展多尺度气象数值预报模式系统。发展气象卫星应用技术，提升风云气象卫星及遥感应用技术水平。推进人工智能技术气象应用研究。发展研究型业务，为气象业务服务发展提供强有力的科技支撑。

—— **加强气象科学试验**。在季风、青藏高原、台风、暴雨、云物理过程、高山与极地气象、人工影响天气等领域积极开展科学试验。科学试验主要依托国家野外科学观测研究站和中国气象局野外科学试验基地，充分用好试验数据，不断产出高水平科研成果。

—— **增强基层气象台站科技创新能力**。省、市、县基层业务台站要加强对本地和区域天气气候演变规律的综合性认识和研究，增强对本地关键性天气的敏感性，形成客观定量的预报方法，发展客观化的预报技术。在此基础上，加强对模式产品的评估检验，对区域数值模式的发展及时提出反馈意见，省、市、县气象业务人员积极参与，从上到下形成合力，促进国家级智能网格预报系统不断完善发展。要加强生态、旅游、农业等专业气象研究，主动对接地方需求，有针对性地开展观测试验，做深做细，不断提升科技创新水平。

任务2：深入推进气象科研院所改革

—— **推进中国气象科学研究院扩大自主权试点**。中国气象科学研究院（以下简称气科院）要面向世界科技前沿，围绕现代气象业务发展亟需解决的重大核心与关键科技问题，加强攻关，在优势领域带动全国科技创新发展。完成"扩大高校和科研院所自主权、赋予创新领军人才更大人财物支配权、技术路线决策权"国家试点工作，在机构设置、人员聘用、干部考核、职称评聘等方面落实法人自主权。发挥气科院牵头组织作用，总结试点经验，在其他国家级气象科研院所推广。

—— **做大做强专业气象研究院所**。做好专业气象研究院建设，重点推进北京城市气象研究院建设，依托乌鲁木齐沙漠气象研究所建设中亚大气科学研究院，依托广州热带海洋气象研究所建设广州热带海洋气象研究院，将专业研究院打造成优势领域的国家级研究中心。加强专业气象研究院所（以下简称专业院所）领导班子建设，注重班子结构，科学配备领导干部。

专业院所所在省（自治区、直辖市）气象局（以下简称省局）要根据改革发展需要，积极创造条件，增加专业院所事业编制，所需编制由省局调剂解决。中国气象局做好新增事业编制相关经费的调整工作，专业院所所在省局对院所改革发展承担领导责任，要强化对专业院所人、财、物等方面的保障，加强在高级岗位数量、人员绩效保障、高水平科技人才引进等方面的配套支持。对专业院所与省级气象科研所（以下简称省所）重复建设进行整合，省局要将主要研发力量集中到专业院所，不另设省所，已建有省所的要尽快调整合并。专业院所要在核心技术、优势专业领域带动相关省所共同发展。

—— **健全现代院所制度**。组织制定实施国家级气象科研院所章程，确立章程在院所管理运行中的基础性制度地位，实现"一院（所）一章程"和依章程管理。对接国家相关要求，对国家级气象科研院所开展中长期绩效评价，聚焦职责定位、科技产出和创新效益，加强绩效评价结果与科技资源配置的衔接，结合年度抽查与考核，充分发挥绩效评价的激励约束作用。

—— **强化省所科技研发职能**。明确省所是气象科研机构。各省局要将省所作为省级科技创新主要平台，优化人才结构，壮大研发队伍，用好地方政策，持续发展特色领域，着力提升对本省气象核心业务的科技支撑。完善省所评估指标体系，组织省所评估工作。中国气象局将根据省所解决核心业务技术问题的能力、省局对省所的支持力度和评估结果，集中资源择优重点支持，探索将国家级科研院所的科技人才政策在省所试行。

任务3：加强气象科技创新基地建设

—— **发挥国家重点实验室作用**。灾害天气国家重点实验室要成为解决我国灾害天气前沿和业务急需科技问题的主要基地，持续产出对灾害天气领域发展有重大影响的原创成果，形成一支结构合理、在国内外具有影响力的高水平研究团队，确保2020年顺利通过国家评估。以中国气象局大气化学重点实验室为基础统筹气象部门温室气体科研和业务力量，组织申报学科类国家重点实验室。加强气候研究、遥感卫星辐射测量和定标、区域数值天气预报以及树木年轮理化研究等部门重点实验室的培育，为申报学科、省部共建国家重点实验室做好储备。创新实验室运行机制，切实发挥重点实验室集聚创新人才与成果、释放科技政策红利的"政策高地"作用。

—— **强化野外科学试验基地基础支撑作用**。进一步完善青海瓦里关、北京上甸子、浙江临安、黑龙江龙凤山等大气本底国家野外科学观测研究站运行管理机制，组织国家野外科学观测研究站组建学术委员会，完成站长和学术委员会主任的推荐和聘任工作，强化大气本底站的科技创新能力建设。依托中国气象局野外科学试验基地，在极端灾害防御、生态与农业气象、大气环境等领域推进国家野外科学观测研究站的建设。搭建中国气象局野外科学试验基地共享平台，做好野外科学试验基地的开放共享，加强科学试验的成果产出，多渠道支持中国气象局野外科学试验基地的建设运行。完善野外科学试验基地学科布局，在青藏高原、沿海等关键地区和科研业务急需领域新建一批野外科学试验基地。加强国家气候观象台与相关部门、高校及科研院所的合作与交流，提升气候系统多圈层监测能力和多学科联合研究水平。

任务4：统筹部署各类科技资源

——统筹安排各类经费支持科技工作。 积极向科技部和其他部门争取科研项目，支撑重点领域研发工作和基础研究。加强对相关业务项目和科研项目的统筹安排与衔接，中国气象局对业务费中安排的数值模式发展专项、核心业务发展专项、气候变化专项等相关专项资金进行统筹管理，制定相关管理办法，根据经费渠道的不同要求与其他科技研发类项目统筹使用，重点围绕《现代化行动计划》《网格预报行动计划》等业务发展计划提出的需求开展科技研发，并向基层和西部倾斜。设立重大气象工程项目研究试验费，协调部署气象部门科技研发工作，发挥资源更大效益，强化财政资金的支撑引导作用。

——做好大型科学仪器统筹布局。 在影响我国天气气候系统的关键区、敏感区、高影响区，聚焦科研院所优势学科发展和核心技术攻关需求，统筹建设重大科研基础设施和大型科学仪器，避免重复和不必要建设。完善仪器设备开放共享机制，依托重大科研基础设施和大型科研仪器国家网络管理平台，做好气象大型科研仪器设备的开放共享工作。定期组织开展大型科研仪器设备开放共享评价考核，将考核结果与仪器所在单位的设备购置、仪器设备维持经费等挂钩。

——推进气象科学数据共享。 发挥国家气象科学数据共享服务平台效益，加强对各类科学数据的整合和质量控制，完善科学数据汇交机制，推动科学数据的汇聚和更新，为部门内外科技人员开展科学研究提供数据支撑。加强与科技部协调，推进国家气象科学数据中心建设。

任务5：强化气象科技成果转化应用

——建立完善的中试基地体系。 建成以国家级气象科技成果中试基地为主，省级气象科技成果中试基地为补充，层次清晰、任务明确、布局合理的覆盖仪器观测、资料处理、数据产品应用和预报服务的气象科技成果中试基地体系，充分发挥科技成果转化引导资金作用，围绕制约气象业务发展的关键技术问题，引进优秀成果，推进成果转化应用。

—— **推进科技成果在业务单位的应用**。业务单位要积极与科研院所、高校、科技企业合作，引进和应用优秀科技成果，牵头发展重大、共性业务系统和平台。围绕制约本单位气象业务发展的关键技术问题，引进优秀成果，在成果中试基地检验和改进，推进本地化转化应用。积极组织骨干业务技术人员定期赴科研院所和高校、科技企业开展脱岗学术交流与合作。国家级主要业务单位要加强科技成果在全国的推广转化应用。

—— **支持企业科技创新工作**。建立气象产业技术创新联盟，中国华云气象科技集团公司牵头建立气象装备产业技术创新联盟，华风气象传媒集团有限责任公司牵头建立气象服务产业技术创新联盟。支持企业积极参与重大工程项目规划设计及方案编制，重点开展面向市场的气象应用技术研究，储备核心技术知识产权，提升企业核心竞争力及可持续发展能力。以华风创新研究院为试点，建立健全企业在研发投入、项目管理和成果转化等方面机制。充分发挥企业在培养和引进高层次气象科技人才方面的优势，加强中青年科技创新人才和重点领域创新人才队伍建设。鼓励社会企业积极参与气象科技创新，增加特色产品的供给。

任务6：务实推进开放合作

—— **加强局校合作顶层设计**。出台《中国气象局关于深化局校合作工作的意见》。围绕数值预报、智能网格预报、气象资料应用、气象装备研发、智慧气象服务等气象核心业务技术，以项目为纽带，组建创新团队，开展联合攻关。通过高校、外部门相关科研院所、科技企业与气象业务单位共建成果转化中试基地等方式，促进成果无障碍进入气象部门业务应用。

—— **扩大博士联合培养规模**。气象部门各科研业务单位要与高校围绕气象事业发展重大需求，联合建设一批研究生培养基地，共建硕士、博士联合培养点和博士后工作站。通过与相关高校合作，进一步增加气科院博士、硕士研究生联合培养名额。

—— **探索大气科学联合创新研究院建设**。在大气科学相关高校和科研机构相对集中、优势明显地区，联合国内优势大气科技资源，创新体制机制，组建引领气象学科发展的国家大气科学联合创新研究院。优先建设南京气象科技创新研究院。

—— **积极推进国际交流合作**。鼓励各级气象部门积极参与国际合作，承担国际科技合作任务。支持国家级科研业务单位积极参与或发起国际大气科学研究计划，举办国际学术会议及专题讲习班。支持气象科技人员和科技管理人员参加国际交流和培训。

任务7：强化科技创新人才和团队建设

—— **实施气象高层次科技创新人才工程**（以下简称气象"十百千"人才工程）。紧紧围绕新时代气象现代化建设需求，优化整合气象人才计划/项目，规划实施气象"十百千"人才工程，强化顶尖创新人才培养，完善首席专家制度，加快优秀青年后备人才队伍建设，完善科技创新人才培养使用激励机制，加快构建结构合理、梯次配备、有序衔接的气象优秀高层次创新人才队伍。

—— **加强科技创新团队建设**。根据《现代化行动计划》《网格预报行动计划》等需求，统筹规划气象科技创新团队建设布局，依托重大科研项目、重点开放实验室、国家级科研业务单位等支撑平台，在气象事业发展急需的重点关键领域，加强科技创新团队建设，稳定支持、重点培育，保持和提升气象科技重点领域的创新能力。

—— **改进创新人才评价机制**。突出人才评价的品德、能力、业绩导向，进一步克服唯论文、唯职称、唯学历、唯奖项倾向，推行代表作评价制度，注重标志性成果的质量、贡献、影响，把研发成果原创性、成果转化应用效益、科技服务的质量和水平等作为重要评价指标。注重个人评价与团队评价相结合，充分发挥同行专家评议的作用，尊重和认可团队所有参与者的实际贡献。完善优胜劣汰机制，坚持评用结合，入选国家和气象部门重点人才计划的人选，在支持期内原则上不得跨部门转换工作单位。

—— **加大对国家关键领域人员薪酬激励**。贯彻落实《国务院关于优化科研管理提升科研绩效若干措施的通知》（国发〔2018〕25号）精神，依据科技部等部门的具体政策要求，对全时全职承担任务的团队负责人（领衔科学家/首席科学家、技术总师、型号总师、总指挥、总负责人等）以及引进的高端人才，实行一项一策、清单式管理和年薪制。项目承担单位应在项目立项时与项目管理专业机构协商确定人员名单和年薪标准，并报科技部、人力资源和社会保障部、财政部备案。年薪所需经费在项目经费中单独核定，在本单位绩效工资总量中单列，相应增加单位当年绩效工资总量。国家关键领域核心技术攻关任务项目间接费用中的绩效支出，应向承担任务的中青年科研骨干倾斜。

任务8：强化科研项目经费管理和绩效评价

—— **优化科研项目经费管理**。落实国发〔2018〕25号文件要求，赋予科研业务单位科研项目经费管理使用自主权。直接费用中除设备费外，其他科目费用调剂权全部下放给项目承担单位。项目承担单位应完善管理制度，及时为科研人员办理调剂手续。对于接受企业或其他社会组织委托取得的项目经费，纳入单位财务统一管理，由项目承担单位按照委托方要求或合同约定管理使用。国家级科研院所要简化科研仪器设备采购流程，对科研急需的设备和耗材，采用特事特办、随到随办的采购机制，可不进行招投标程序，缩短采购周期；对于独家代理或生产的仪器设备，按程序确定采取单一来源采购等方式增强采购灵活性和便利性。

—— **落实科研项目间接经费规定**。按照中气党发〔2017〕25号文件相关规定，中央财政资金、地方财政资金、单位自筹资金和其他渠道资金支持的科研项目，间接经费的比例按照项目来源方有关经费管理办法核定，无明确间接经费比例规定的科研项目，直接费用扣除设备购置费后在500万元以内的，间接经费核定比例统一按照不超过20%核定。绩效支出在间接经费中不设比例限制。

—— **实行科研项目绩效分类评价**。明确设定科研项目绩效目标，按照关键节点设定细化的阶段性目标，加强项目关键环节考核。对基础研究与应用基础研究类项目、技术和产品开发类项目、应用示范类项目，依据不同侧重点开展分类评价。严格按照任务书约定，逐项考核指标完成情况，对绩效目标实现程度给出明确结论。对绩效评价优秀的，在后续项目支持、表彰奖励等工作中给予倾斜。在评定职称、制定收入分配制度等工作中，更加注重科研项目绩效评价结果的应用。

—— **落实科研项目开支规定**。中央财政科研项目专家咨询费开支标准按照财政部《中央财政科研项目专家咨询费管理办法》（财科教〔2017〕128号）执行。参与科研项目的研究生、博士后、访问学者以及项目聘用的研究人员、科研辅助人员等，均可开支劳务费。劳务费开支标准要参照当地科学研究和技术服务从业人员平均工资水平，结合其承担的工作任务，在聘用合同中确定。劳务费在直接费用中列支，预算由项目承担单位和研发人员据实编制，不设比例限制。

—— **开展扩大科研经费使用自主权试点。**允许科技部或中国气象局批准试点的国家级科研院所从基本科研业务费中提取不超过20%作为奖励经费，由单位探索完善科研项目资金的激励引导机制。奖励经费的使用范围和标准由试点单位在绩效工资总量内自主决定，在单位内部公示。对试验设备依赖程度低和实验材料耗费少的基础研究、软件开发等智力密集型项目以及纯理论基础研究项目，可根据实际情况适当调整间接经费比例。

三、保障措施

（一）加强组织领导，形成有效落实机制

本行动计划2018年开始全面推进，2019年根据进度情况进行抽查，2020年确保完成。

各级气象部门要高度重视气象科技创新工作，加强组织领导，明确责任分工，统筹各类科技资源并合理配置；各省（自治区、直辖市）气象局和中国气象局各直属科研业务单位、科技企业要结合本区域、本单位特点，制定科技创新年度计划和配套政策，制定具体措施，积极组织实施，确保各项任务完成。

（二）加强政策引导，健全科技评价机制

各单位要进一步加强科技创新政策落实，实现科技、业务、人事、财务、法规等具体政策的衔接协调，发挥有关政策的激励作用，调动广大科研人员从事科技创新的主动性和积极性。着力构建以科技创新质量、贡献、绩效为导向的气象科技分类评价体系，最大程度地激发各类创新主体的创新活力。

（三）加强科研业务结合，构建成果转化机制

科研院所、业务单位和科技企业要打破成果壁垒，形成良性交流互动机制。要结合自身情况制定配套政策，着力解决技术成果转化和推广的制度瓶颈。探索建立科技成果信息共享、传播、转化的机制，提升科技成果的供给能力，提高成果转化的市场化服务水平。加强气象科技创新科普宣传工作，提高公众对气象科技成果的认知度。

（四）加强督促检查，完善监督运行机制

要进一步强化对本行动计划任务落实情况的动态监测和绩效评价，采取有效措施解决本行动计划实施中遇到的问题，通过过程管理，确保各项任务优质高效完成。

附录1.3　气象科普发展规划（2019—2025年）

气发〔2018〕110号

为深入贯彻习近平新时代中国特色社会主义思想和党的十九大精神，全面落实习近平总书记关于科普工作的重要论述，全面落实中国气象局党组对气象科普工作的新部署新要求，依据《全民科学素质行动计划纲要实施方案（2016-2020年）》《"十三五"国家科普与创新文化建设规划》《全国气象发展"十三五"规划》和《全国气象现代化发展纲要（2015-2030年）》，制定本规划。

一、形势与需求

（一）气象科普工作现状

在中国气象局党组高度重视和正确领导下，各级气象部门坚持以人民为中心的发展思想，围绕气象现代化建设和改革发展大局，对接国家科普事业总体规划，认真组织实施《气象科普发展规划（2013-2016年）》，取得了显著成绩，气象科普能力不断提高，人民群众获得感不断增强，为推进气象事业改革发展和全民科学素质提升作出了积极贡献。

社会化格局初步形成。气象科普纳入全民科学素质行动计划纲要，融入国家科普发展体系，"政府推动、部门协作、社会参与"的社会化格局基本建立。与中国科协签订战略合作协议，联合相关部委和地方党委宣传部建立气象灾害防御科普宣传机制，气象科普融入国家科技、文化、卫生"三下乡"等活动。600余家社团和百度、腾讯、新浪等企业也积极参与气象科普工作。

常态化工作取得成效。世界气象日、气象科技活动周和防灾减灾日等主题气象科普活动成为常态，年均参与专家1万余人，受众300余万人。针对社会关注的热点、焦点问题和国家重大活动，面向决策者、公众和专业用户及时释疑解惑。各级气象部门以需求为导向，面向重点人群，联合政府及其相关部门持续开展特色鲜明的气象科普活动，促进全社会防灾减灾救灾意识和能力提升，2018年气象科学知识普及率达77.76%，为新阶段气象科普发展奠定了良好基础。

科普业务能力明显增强。国家级、省级气象科普业务机构相继建立，科普业务系统初步建成。截至2018年年底，建成348个全国气象科普教育基地、

1000多个校园气象站、1200多所气象防灾减灾科普示范学校、7.8万个乡镇气象信息服务站；专兼职气象科普人员覆盖99.7%的村屯。定期举办全国气象科普作品观摩交流活动和全国气象科普业务培训班，气象科普队伍不断壮大，初步形成由专兼职人员组成，包括专家和志愿者在内的气象科普人才队伍。

科普品牌打造特色鲜明。精心组织策划世界气象日、气象科技活动周等全国性重大气象科普活动，具有了较大社会影响力，形成了品牌效应。打造"流动气象科普万里行""绿镜头·发现中国""应对气候变化·记录中国""气象防灾减灾志愿者中国行"和"全国青少年气象夏令营"等一批气象科普品牌活动。一批气象科普作品获得各类奖项。一些单位和一批个人获得各级科普工作先进集体和先进个人表彰。

科普创作创新成果丰硕。2013年以来，全国气象部门年均创作制作图文类气象科普作品2100种、影视动漫类366种、游戏类55种、宣传品类718种，其中内蒙古、广西、西藏、青海、新疆等省（区）局开发出少数民族文字产品；全国气象部门年均出版发行气象科普图书140余万册，制作播出气象科普影视作品1400多部（集）。气象科普传播形式不断丰富，初步实现部门内外资源共享，形成传统媒体与新媒体、气象部门媒体与社会媒体相互融合的立体传播局面，精准推送能力不断提升。

气象科普工作仍然存在一些有待解决的问题。一是对气象科普工作的意义和重要性认识不够充分，业务、服务、科研与科普融合有待增强，气象科普工作尚未由"软任务"变成"硬措施"；二是气象科普工作顶层设计不够完善，亟待构建社会广泛参与、部门充分联动、业务运行顺畅、开放合作高效、组织管理科学的气象科普格局；三是气象科普工作运用"互联网+"的能力不足，精准化服务水平有待提升；四是气象科普工作体系及其管理运行机制亟需完善，合力不足、品牌彰显和效益发挥不够，适应新时代新需求的高质量科普供给不足；五是气象科普创新动力不足，常态化的人才培养和激励举措、多元化的投入渠道等亟需建立，气象科普基础研究薄弱。

（二）气象科普面临的新形势新需求

1. 加强气象科普是实施国家创新驱动发展战略的必然要求。 习近平总书记指出："科技创新、科学普及是实现创新发展的两翼，要把科学普及放在与科技创新同等重要的位置。"新时代，国家实施创新驱动发展战略，着力创建创新型国家和世界科技强国，创新成为经济社会发展的第一动力。科学普及是实现创新驱动发展的重要之翼。气象事业是科技型、基础性社会公益事业，气象工作与经济社会发展息息相关，气象信息与人们日常生产生活密切相连。普及气象科学知识，提高全民气象科学素质，是提高全民科学素质的重要内容和必然要求，也是实施国家创新驱动发展战略的必然要求。

2. **加强气象科普是保障人民美好生活、建设美丽中国的现实需求。**党的十九大报告提出，"要推进绿色发展""持续实施大气污染防治行动，打赢蓝天保卫战""建设美丽中国"，要"坚决遏制特重大安全事故，提升防灾减灾能力""完善公共服务体系，保障群众基本生活，不断满足人民日益增长的美好生活需要，使人民获得感、幸福感、安全感更加充实、更有保障、更可持续"，这些目标的实现都需要气象的大力支持和保障。随着我国社会经济快速发展以及人民群众生活水平日益提高，气象服务已经成为人们生产生活不可或缺的重要内容。全球变暖背景下，极端天气气候对各行各业和人民群众安全的影响日益加剧，公众对于气象防灾减灾以及应对气候变化的科普需求进一步提高。因此，加强气象科普是保障人民美好生活、建设美丽中国的现实需求。

3. **加强气象科普是气象事业科学发展的内在需求。**气象科普工作是公共气象服务重要组成部分。一方面，在建设气象现代化强国新征程中，需要社会各界对气象的理解和支持。通过科普让公众有兴趣、有途径走近气象，分享气象文化以及气象科学技术工作的甘苦，促进公众对气象事业的理解。公众对气象科学社会价值的理解越深，就越能尊重气象科学，尊重气象工作者，它既是气象事业发展的良好氛围，也是培养未来气象科技工作者的最佳土壤。另一方面，21世纪科学发展本身的复杂性和交叉融合以及气象服务领域的拓展给气象工作带来极大挑战，要愈加重视对气象科技的投入和对气象科技的深层开发，实现气象科学的观念层面与物质层面的双向互动。气象科普有助于创造促进气象科学技术发展的条件。

4. **新技术的快速发展给气象科普带来新的挑战。**随着互联网、大数据、人工智能等信息技术飞速发展，新的传播生态下，公众对科普传播方式也提出了便利化、体验化的新需求，微博、微信、微视频等自媒体以及虚拟现实等人机互动方式为公众喜闻乐见，这需要气象科普供给水平进一步提高。随着公众信息获取方式发生变化，气象科普多元化、差异化需求明显，要求气象科普更有内涵、有特色，信息推送更及时、更精准，服务更贴心，依托全媒体传播进行多样化展示、多介质推送，从而让气象科普活起来，更富吸引力和影响力。

在新时代气象科普工作中，要深入学习贯彻习近平总书记关于科普工作的重要指示精神，落实中国气象局党组关于加强气象科普工作的新部署新要求，准确把握气象科普工作的新需求，在气象现代化建设和全民科学素质行动总体布局中，明确气象科普工作的定位、内涵、使命、任务，创新科普手段，拓展科普内涵，提升科普效益，推进气象科技创新与气象科学普及"一体两翼"协同发展。

二、指导思想、基本原则与发展目标

（一）指导思想

坚持以习近平新时代中国特色社会主义思想为指导，深入学习贯彻党的十九大精神，全面落实习近平总书记关于科普工作的重要论述，坚持以《中华人民共和国科普法》和《全民科学素质行动纲要》为指南；坚持以人民为中心的发展思想，坚持公益性基本定位，坚持以气象现代化建设为依托，以提升公民气象科学素质、加强气象科普能力建设为重点，深入推进气象科普社会化、专业化和品牌化发展，鼓励创新，切实提高气象科普的质量和效益，更好地服务于广大人民群众和经济社会发展，为建设创新型国家和世界科技强国作出新的更大的贡献。

（二）基本原则

统筹兼顾、均等普惠。以构建覆盖城乡的气象科普体系为目标，统筹区域、城乡，针对不同群体的需求和特点，探索气象科普精准服务，实现气象科技成果社会共享和气象科普普惠大众，增强群众气象获得感、幸福感和安全感。

整体推进、融合发展。以拓展气象科普内涵为抓手，整体推进气象科普与气象服务、气象科技创新、气象科学文化的全面深度融合，形成科学知识、科学方法、科学思想、科学精神互融的气象科普内容体系。

开放合作、分工联动。以"政府主导、部门协作、社会参与"为指引，紧紧依靠各级政府支持，广泛动员社会力量，充分利用各种资源，深化国际国内和部门内外合作交流，加强部门内部分工联动，形成共享、开放、协调的气象科普工作局面。

夯实基础、创新拓展。以适应新形势新需求为重点，加强气象科普的基础研究，加强气象科普创作方法研究，加强气象科普的新技术应用研究，提高科技含量，推进气象科普的内容创作、表达方式、传播手段、运行管理等全方位创新，扩大气象科普覆盖面和影响力。

（三）发展目标

到2025年，在不断提升科技内涵的基础上，建成与气象现代化水平相适应的现代气象科普体系：形成多样化、特色化的气象科普场馆体系，提升气象科普基础设施服务能力；形成科普内容、活动、传播互融互补的气象科普品牌体系，提升气象科普的社会影响力；形成管理顺畅、布局合理、流程规范的气象科普业务体系，提升气象科普对社会关切的响应能力；形成多渠道培育、专兼职结合、人才素质优良、激励措施完善的气象科普人才队伍，提升气象科普创新发展的能力。到2025年，实现气象科学知识普达到80%以上，气象部门科普水平达到全国科普领域领先地位。

三、主要任务

（一）服务国家重大战略，提升全民气象科学素质

围绕生态文明建设、创新驱动、脱贫攻坚、乡村振兴、可持续发展等国家重大战略实施，找准气象科普发力点，推进气象科技创新与科学普及"一体两翼"协同发展，为国家重大战略气象保障服务发展营造良好氛围。深入实施创新驱动发展战略，面向青少年特别是在校学生、农民、城镇劳动者、领导干部和公务员等重点人群，普及气象科学知识和气象科学方法，传播气象文化，激发气象科学兴趣，倡导科学思想，弘扬科学精神，有效提升公众气象科学素质，为全民科学素质的提高作出气象贡献。

突出气象科学的应用性，着力提升公众应用气象科学技术处理实际问题、参与公共事务的能力。围绕防灾减灾，加强针对气象预报预警信息的科学解析、标准的宣贯解读和防灾避险知识的宣传，提升全民防灾避灾救灾的意识和能力。积极普及应对气候变化、生态文明建设、可再生气候资源开发利用知识，提高全民建设美丽中国的自主意识和能力。

特别加强面向领导干部和公务员的气象科普，推动气象科普课程进机关、进党（干）校、进干部培训课堂，举办面向领导干部的高端讲座，邀请领导干部参加群众性气象科普活动。

适应气象学科发展，开展面向气象干部职工和科技人员的科普，促进气象工作者全面了解气象科学发展前沿，助力提升气象工作能力。

（二）融入气象现代化建设，提升气象科普现代化水平

大力推动"互联网+"气象科普。以气象科普信息化建设为核心，带动气

象科普理念、内容创作、表达方式、传播方式、运行机制、服务模式、业务平台的全面创新。依托大数据、云计算、移动互联等信息技术手段，洞察和感知公众气象科普需求，创新气象科普精准、定向、定制的服务模式。运用新技术完善气象宣传科普业务系统，实现气象科普信息的快速汇集、数据深度挖掘、服务即时获取、用户精准推送、决策有效支持，不断提高对社会关切的响应能力。运用互联网思维，建设众创、众包、众扶、众筹、众享的气象科普生态圈。

大力推进气象科普实体场馆体系建设。按照因地制宜、创新思路、精准分类、突出特点、标准规范的原则，建设气象科普实体场馆体系；大力应用数字技术，建设数字气象博物馆（科技馆），开发现代气象科普展品展项。制定国家气象科普场馆管理办法，规范评价评估标准，加强对气象科普场馆建设的引导和规范管理。

（三）推动品牌体系建设，扩大气象科普社会影响力

充分调动各级气象部门气象科普的积极性和主动性，广泛吸纳社会力量和资源，以全国性大型科普主题活动为契机，以气象科普进校园、进社区、进农村、进企事业活动为桥梁，以志愿者活动为抓手，开展系列主题突出、特色鲜明、影响广泛的气象科普活动，创新手段、丰富内容，增强互动性、实用性、有效性，打造名牌。

加大气象科普创新创作支持力度，鼓励气象科研、业务成果转化为气象科普产品，吸纳文学、艺术、教育、传媒等社会各方面力量繁荣气象科普作品创作，挖掘、整理和传承气象文化遗产，促进原创优秀气象科普作品不断涌现。鼓励传媒、广告等社会相关行业和各类机构加大气象科学知识、重大气象科技成果及热点事件、人物的传播力度，提升气象科普品牌效应和传播效益。

（四）推动业务体系建设，促进气象科普转型升级

充分发挥气象科普的先导性作用，助推公共气象服务可持续发展，要将科普贯穿在气象核心业务的各个层面、各个环节，在核心业务设计和开展之初就将科普有机融入。加强气象科普业务体系建设，将气象科普纳入气象现代化业务体系中，推进国家-省-市-县四级气象科普业务体系建设。统筹谋划、建立全国气象科普业务布局和体系，理顺气象科普业务和管理体制机制，建立相应的业务流程、标准和规范。中国气象局办公室组织协调相关职能部门各司其职，对气象科普工作进行综合管理和宏观指导；中国气象局气象宣传与科普中

心牵头开展科普业务系统建设和应用推广，并对省级以下开展业务技术指导。各省级气象部门应建立相应的科普业务部门，健全本省（自治区、直辖市）科普业务运行工作制度，确保科普业务正常、稳定运行。

建立气象科普资源共建共享机制，保护科普作品、产品知识产权，形成气象科普资源汇聚和分享的新格局。

拓展科普信息传播渠道，在充分利用现有传播渠道基础上，拓宽移动互联网的传播渠道，实现气象科普内容一次创作、多次开发、全媒体呈现、各渠道推送传播。

加强气象科普的理论和实证研究，为气象科普事业科学发展奠定理论基础。

（五）调动各方潜在力量，形成气象科普发展合力

完善气象科普管理机制。 气象科普纳入各级气象发展战略与规划，列入年度工作计划和目标考核，明确机构、岗位和职责。

建立气象科普评估评价制度。 树立气象科普成果也是科技创新成果的理念，将气象科普纳入各级气象科技计划项目、重大工程项目、专项任务以及气象标准规范建设、气象教育培训中，并开展评估考核，着力推动气象科技创新成果向气象科普产品的转化。

扩大气象科普社会化途径。 争取将气象科普纳入国家、地方、部门发展规划。深化与科技、科协、教育等相关部门、行业的战略合作，充分发挥各级气象学会等社团组织作用，探索和创新跨行业、跨领域的科普合作模式。

推动气象科普产业发展。 结合气象科普领域工作实际，探索气象科普市场化运作模式，鼓励引导企业参与气象科普活动，参与气象科普产品的研发、生产和推广，逐步形成气象科普产业链。

四、重点工程

（一）气象科普场馆体系建设工程

——国家-省-市-县四级实体气象科普场馆体系。充分利用社会资源，融入式发展，推动和支持各级气象部门在地方博物馆、科技馆、展览馆或其他公共文化场馆中建设气象科普展区以及气象科普公园、气象防灾减灾示范社区和气象科普示范村建设。在此基础上，国家级层面，以中国气象事业发展史馆为核心，国家级业务、科研单位根据自身特色，建立、完善相应的科普展示空间。省级层面，因地制宜建设和完善一批具有地方特色的综合气象博物馆、科技馆或气候变化、生态气象等专题气象科技馆。每个百年气象台站均设立台站史展区。鼓励有条件的市县级气象部门建设气象科普馆（展室），开发现有气象台站等场所的科普功能。普及推广流动气象科普设施，覆盖尚无任何科普展教设施的县（市）。逐步形成多样化、特色化的气象科普场馆体系。到2025年，实现气象科普场馆（展区、流动设施）县级全覆盖。

——数字气象博物馆（科技馆）。建设数字中国气象事业发展史馆。统一规划设计，依托若干有特色的实体气象博物馆建设数字气象博物馆；依托各类数字气象科普资源，建设国家级数字气象科技馆和虚拟现实气象科技馆。到2025年，国家级实体馆和有条件的部分省级实体馆建成数字博物馆（科技馆），同时实现所有数字馆资源共享，覆盖全部实体气象科普场馆（展区）。

制定全国气象科普教育基地创建规范，完善全国气象科普基地管理平台，逐步建成责任明确、操作规范、流程标准、措施到位的全国气象科普基地管理体系。

（二）气象宣传科普业务平台建设与应用工程

——气象宣传科普业务平台建设工程。建设符合气象现代化业务集需求分析、业务会商、选题策划、产品制作、产品发布、传播效果评估于一体的气象宣传科普综合业务平台。平台实行国家级、省级两级建设，国家级、省级、市级、县级四级应用。其中，省级对国家级科普业务系统进行本地化。到2020年，该系统在省级全面落地应用；到2025年，实现国家-省-市-县四级全覆盖。

——气象科普传播渠道打造工程。建成以中国气象科普网为主体，中国气象网（科普频道）、中国天气网（科普频道）为两翼，其他各级各类气象网站（科普专栏）为依托的网站体系。打造部门气象科普微博、微信、客户端等新媒体矩阵，支持和鼓励气象自媒体品牌建设。

充分发挥《气象知识》《中国气象报》、中国天气频道以及气象出版等在气象服务和气象科普业务中的作用，提升优质科普资源供给能力和传播能力。

到2025年，形成2～3个在科学普及领域内有影响力的气象科普传播品牌。

（三）繁荣气象科普创作工程

——创造条件。中国气象局联合中国科协建立气象科普创作基地，设立专项基金，择优支持各类优秀气象科普作品的创作。扩大资助范围，吸引气象行业及社会各界参与气象科普创作，形成气象科普内容品牌。

——繁荣作品。加强各类内容资源的融合共享、互补互动，形成优质气象科普资源的规模化效应。

图书：策划出版原创性的气象科普、科幻精品图书。到2025年，出版在业界有影响力（以获省部级以上奖项为标志）的气象科普图书不少于5种（套）。

影视：发挥部门气象影视资源优势，拍摄1部以上气象科教（科幻）片或反映气象人精神的影视片，弘扬科学精神，宣传气象工作。

新媒体：鼓励图解、动画、课件、微视频、游戏、VR、AR等新媒体内容创作。到2025年，达到点击量超千万的图解、动画、微视频5个，点击量超百万的15个；制作大型气象科普游戏1个，VR、AR作品10个。

展品展项：组织加强科学性强、生动有趣的气象科普展品展项（包括流动气象科普设施）的设计与研发，创新更加生动的展览展示手段。到2025年，形成涵盖面广、便于使用的可供全国气象科普场馆自主选择的系列气象科普展品展项。

文化创意产品：加强气象史料挖掘与研究工作，助力气象文化建设。以气象文化为元素，开展气象文化创意产品的设计、开发，提升气象文化影响力。

（四）气象科普品牌活动创建工程

——全国性主题气象科普活动提升工程。以世界气象日、气象科技活动周、防灾减灾日和全国科普日等大型全国性主题活动为契机，将世界气象日、气象科技活动周和全国科普日气象主题活动打造成为公众认可、社会满意的全国性气象科普品牌活动。

——校园气象科普活动提升工程。继续鼓励和支持中小学校自办校园气象站，把校园气象站建设与学校气象科技教育相结合，创造性地开展校园气象科普嘉年华、气象知识竞赛、宝贝报天气、小小减灾官全国科普大赛、气象研学之旅等多种活动。组建全国中小学气象科技教育联盟，形成针对不同年龄段的校园气象科普活动体系和气象科技教育整体解决方案。

——社区气象科普活动提升工程。把普及社区气象防灾减灾知识、生产生活气象知识、健康气象知识和生态环境气象知识作为重点，创建"防灾减灾气象知识竞赛社区行"和"气象专家进万家系列讲座"等品牌活动。

——农村气象科普活动提升工程。以农民需求为导向，结合国家精准扶贫和乡村振兴战略，组织气象专家深入农村开展"气象科技下乡"和"气象关注民生，科普助力扶贫"品牌活动。加大对革命老区、少数民族地区、边疆地区、贫困地区以及气象灾害多发、易发地区的关注。

——专题气象科普活动提升工程。进一步创新"气象防灾减灾宣传志愿者中国行"活动的形式与内容，促进全国高校学生社团增加气象类实践活动。探索开展"12379"推广活动，打造预警信息发布活动品牌。探索开展气象观测志愿者活动。拓展与主流社会媒体传播渠道的合作，将"直击天气""绿镜头·发现中国"和"应对气候变化·记录中国"等品牌活动打造成名牌。

（五）气象科普人才队伍建设工程

——专兼职气象科普队伍建设工程。国家级、省级气象部门明确专门的气象科普业务承担部门和专兼职业务、管理人员，组成一支业务精、管理强的专兼职气象科普队伍。建立健全气象科普业务和管理人才激励机制。

——高层次气象科普队伍培养工程。建立国家级气象科普工作团队，把气象科普业务人员纳入气象部门各类高层次人才培养计划。加强气象科研、业务人员科普责任的落实，鼓励和支持他们从事气象科普活动和创作。依托行业高校、科研机构、业务单位，建立高层次气象科普专家团队，激励动员院士、专家学者等高层次科研业务人员参与气象科普。实施"气象科普名家"培育计划，到2025年培育5名以上气象科普名家进入中国科协"首席科学传播专家"团队。

——科普志愿者队伍打造工程。建立完善气象科普志愿者组织管理制度，搭建气象科普志愿者网络服务平台，加强气象科普志愿者培训，建立气象科普志愿者激励机制。鼓励气象行业高校等建立气象科普志愿者社团组织，鼓励中小学生参与气象科普志愿活动，动员和组织社会各界人员积极参加气象科普工作，壮大气象科普志愿者队伍。建立一支来自主流媒体并长期关注气象的记者组成的气象科普队伍，激励其发挥媒体资源优势传播气象科普信息。

——气象科普人才培养和继续教育提升工程。加大力度开展面向各类气象科普人员的培训，将气象科普业务和管理培训纳入年度培训计划，加大省级以下气象科普业务的培训力度。建立气象科普人员定期交流制度，提高气象科普人才队伍的整体业务素质。

五、保障措施

（一）加强组织领导

各级气象部门要加强对气象科普工作的组织领导，把气象科学普及放在与气象科技创新同等重要的位置。形成规划协调、政策引导、监测评估和奖励激励等完整的科普工作链条。建立工作协调机制，加强对科普工作的谋划和统筹，充分发挥各类科普主体的作用，密切配合，形成合力，将各项任务目标落在实处，推进气象科普事业科学发展。

（二）强化政策支持

建立气象科技成果科普转化和评价机制，将气象科技成果的普及列入科研、业务项目成果验收；在科技人员职称评定和晋升等环节设立科普考核要素。建立气象科普激励机制，将气象科普纳入各级气象工作的奖励表彰范围，组织优秀气象科普作品、产品、活动评选、宣传和推广活动，激励气象科研业务和科普工作者作出突出贡献。

（三）完善经费保障

争取将气象科普业务经费列入同级财政预算，国家、省、市、县四级共同分担气象科普财政投入，实现科普业务经费稳定投入。在气象工程建设项目、科研业务项目、专项任务中安排一定比例经费用于气象科普。拓展气象科普社会资金来源渠道。加强气象科普经费使用的绩效考评，确保专款专用和使用效益。

（四）落实任务分工

制定本规划实施方案，细化落实规划目标和主要任务、重点工程的主要举措，明确分工，并对标规划任务进行督办。建立健全中国气象局职能机构之间、国家级直属单位之间、国家级和省级之间的气象科普工作沟通协调机制，加强不同气象科普任务落实的有机衔接，确保规划提出的各项科普任务落到实处。组织开展规划实施情况的动态监测和评估，将结果作为改进气象科普工作的重要依据。

（五）强化基础研究

跟踪国内外气象科普发展动态，加强气象科普工作的理论研究，重点开展气象科普体系建设的理论和实践研究、气象科普发展趋势研究、气象科普需求和科普舆情分析研究。开展公众气象科学素质水平定期调查，加强对气象科学知识普及率等评价指数的研究，建立以公众认知度、关注度和满意度为核心的气象科普绩效评价标准。加强气象科普主体的科普过程与效果的评估评价研究。加强科普作品创作方法、技巧以及信息化条件下科普融合创作的研究。

附录1.4 关于印发《气象信息系统集约化管理办法》的通知

气发〔2018〕117号

第一章 总则

第一条 为加强气象信息系统的统筹规划、有序建设和集约化运行，强化数据资源的整合共享，根据国家信息化发展战略和气象部门建设与管理有关规定，制定本办法。

第二条 气象信息系统是指由中央或地方投资、全国和省内统一布局的用于气象观测、预报、服务领域的信息系统，以及其他对全国或全省气象业务流程、政务管理有重要影响的信息系统。

第三条 气象信息系统的设计、建设、运行和管理遵循"统筹规划、统一标准、集约高效、充分共享、安全优先"的原则。

第四条 本办法适用于国家、省级气象信息系统的集约化管理。

第二章 职责与分工

第五条 气象信息系统的集约化由气象信息业务管理机构归口管理，各信息系统的主管职能机构和计划财务管理机构协管，气象信息业务单位进行技术评估，建设单位具体负责。

第六条 预报与网络司负责组织制定气象信息系统集约化标准。预报与网络司和省级气象信息业务管理机构负责组织开展信息系统集约化监督检查、考核及评估。

第七条 办公室、减灾司、预报司、观测司、科技司、计财司、人事司、法规司和省级对应的气象信息系统主管职能机构负责其职责范围内的项目申报、验收、业务准入等环节的集约化情况把关；负责其职责范围内信息系统的集约化情况监督检查，并协助做好集约化情况评估。

第八条 计财司和省级计划财务管理机构负责气象信息系统建设项目申报环节的集约化要件审查，未包含集约化评估报告或未通过集约化评估的，不予立项。

第九条 国家气象信息中心牵头制定气象信息系统集约化标准规范。国家气象信息中心和省级气象信息业务单位负责组织由各主要业务单位专家参加的集约化评估专家组（简称专家组），负责制定集约化评估实施细则，在气象信息系统项目的申报、业务验收等环节进行集约化技术评估，出具集约化评估报告；负责气象信息系统集中监视，根据运行情况开展集约化情况评估，负责编制评估报告。负责保障集约化的信息基础设施云平台和气象大数据云平台的稳定可靠运行，满足各气象信息系统的运行监控、数据访问和资源存储需求。

第十条　国家级和省级项目建设单位按照集约化要求开展项目可行性研究报告（简称可研报告）编制，提交集约化评估，依据集约化评估报告修改完善项目可研报告的技术方案设计，严格按照项目可研报告批复要求开展项目建设，项目验收时配合开展集约化评估；配合气象信息业务单位，做好集约化运行监控及信息系统集约化情况检查、考核和评估。国家气象卫星中心负责卫星相关信息系统的集约化工作。

第十一条　专家组按照客观、公正、公开的原则，根据集约化标准规范独立开展集约化评估。集约化评估实施专家回避制度，即项目由非建设单位专家评估。评估专家独立提供评估意见，对本人评估意见负责。

第三章　申报与审核

第十二条　建设单位在信息系统建设项目中，按集约化要求统一设计信息系统运行所需的硬件、系统软件等内容，硬件系统的技术性能和参考选型应符合信息基础设施云平台技术规范，数据环境应统一使用气象大数据云平台。建设单位向信息业务单位提出集约化评估申请，并取得集约化评估报告作为项目申报的必需材料。

第十三条　信息业务单位组织专家组评估气象信息系统建设集约化情况，评估重点包括硬件集约化、数据集约化、流程集约化、平台集约化和监控集约化等情况。要求气象信息系统硬件设备统一纳入信息基础设施云平台，数据融入气象大数据云平台，并纳入气象综合业务实时监控系统统一监控。

第十四条　专家组出具集约化评估报告，提出通过、修改完善后再审和不予通过等后续处理意见。集约化评估报告由信息业务单位盖章后返回建设单位。

第十五条　对需修改完善后再审的建设项目，建设单位根据集约化评估报告修改完善后送信息业务单位复审。专家组提出通过或不予通过集约化评估等处理意见，形成集约化评估报告终稿，集约化评估报告由信息业务单位盖章后返回建设单位。

第十六条　计划财务管理机构按照项目管理要求，结合集约化评估报告，执行相关审批程序。建设单位未提交集约化评估报告的，退回补充。对主体符合但存在个别部分不符合集约化标准的建设项目，符合部分予以立项。

第十七条 各省（自治区、直辖市）气象局使用非中央投资开展的气象信息系统建设，按地方和中国气象局集约化管理要求，统筹开展集约化建设。

第十八条 本办法发布之前已运行的气象信息系统，应通过建设项目改造升级，实现集约化运行。

第四章 建设与验收

第十九条 建设单位在气象信息系统建设过程中应严格按照批复的可研报告实施。确需变更设计方案的，应参照申报程序对变更内容进行集约化评估。

第二十条 信息业务单位应主动配合各单位开展气象信息系统集约化建设，协助建设单位开展集约化信息系统基础设施安装部署，并将其纳入信息基础设施云平台统一管理；通过大数据云平台为建设单位业务系统提供数据存储、访问、分析加工等服务。负责气象综合业务实时监控系统统一监控，协助建设单位优化流程。

第二十一条 信息业务管理机构和气象信息系统主管职能机构通过阶段检查等手段，加强气象信息系统建设中的集约化监督检查和组织协调。

第二十二条 气象信息系统建设项目业务验收前，建设单位将验收文档提交信息业务单位开展集约化验收评估。信息业务单位组织专家组，重点评估建成的气象信息系统集约化方面与可研报告设计的符合程度，提出符合或不符合等意见，出具集约化验收评估报告并报信息业务管理机构和气象信息系统的主管职能机构备案。

第二十三条 集约化验收评估报告是气象信息系统建设项目业务验收必须的文档。只有结论为"符合"的气象信息系统建设项目才能进行业务验收。

第二十四条 集约化验收评估报告中提出集约化方面与设计存在重大不符合内容的建设项目，由建设单位按设计内容进行整改。整改完成后，建设单位重新提交集约化验收评估，直到结论为"符合"。

第五章 运行管理

第二十五条 通过业务验收的气象信息系统基于信息基础设施云平台和大数据云平台运行，硬件和数据资源由信息业务单位统一管理、集中维护，系统软件和应用软件按"谁安装，谁负责"的原则由安装单位管理维护，存储在大数据云平台内的数据其知识产权归属于相应用户单位。用户单位须协助信息业务单位按相关数据政策通过大数据云平台统一的接口和流程提供数据共享服务。

第二十六条　信息业务单位根据信息基础设施云平台资源使用情况，在满足气象信息系统运行需求的前提下，对资源进行统筹分配和调度，提高信息基础设施资源的整体利用率。

第二十七条　建设单位配合信息业务单位，将气象信息系统运行情况纳入综合业务实时监控系统统一监视。

第六章　资源使用统计与效益评估

第二十八条　信息业务单位对信息基础设施云平台和大数据云平台进行统一监控、实时统计分析，并于每月5日前形成资源使用情况月报通过气象业务内网发布。国家气象信息中心于每年1月15日前，发布全国信息基础设施云平台和大数据云平台使用情况年度统计报告，省级信息业务单位配合。

第二十九条　国家气象信息中心对信息基础设施云平台和大数据云平台资源使用与业务支撑情况、集约化建设效益等进行综合评估，编制全国集约化建设效益评估报告，每年2月底前报预报与网络司。

第七章　附则

第三十条　各省（自治区、直辖市）气象局、直属单位根据本办法并结合本单位实际制定具体实施细则。

第三十一条　本办法由预报与网络司负责解释。

第三十二条　本办法自颁布之日起实施。

附录1.5 关于进一步深化气象标准化工作改革的意见

气发〔2019〕48号

为贯彻落实新修订的《中华人民共和国标准化法》以及党中央、国务院关于加强标准化工作的决策部署，全面提升气象标准化工作能力和水平，增强标准化在全面推进气象现代化、全面深化气象改革和全面推进气象法治建设中的支撑保障作用，提出如下意见。

一、总体要求

（一）指导思想

以习近平新时代中国特色社会主义思想为指导，全面贯彻党的十九大精神，坚持在气象标准化工作中对标对表民生需求、国家重大战略需求和气象改革发展需求，树立以高标准推动气象事业高质量发展的工作理念，着力解决气象标准化工作中存在的机制不全、应用不好、能力不强、影响不够的问题，积极营造标准先行、依标办事的行业氛围，发挥好标准化在气象参与社会治理和公共气象服务中的基础性和战略性作用。

（二）基本原则

—— **问题导向、服务大局。**既要把有效解决气象标准化工作自身突出问题作为改革的出发点，也要围绕中心工作，把更好地服务和保障国家重大战略实施和推动气象事业高质量发展作为标准化工作改革的落脚点。

—— **分工负责、协同推进。**既要发挥好标准化归口管理部门的综合协调作用，也要发挥好主管职能部门在分管专业领域内的标准化主导作用，同时落实好业务服务单位制定、实施标准以及承担标准化技术组织职责的主体责任。

—— **需求引领、重点突出。**既要夯实气象基本业务领域的标准化基础，也要面向公众、面向生产、面向行业的需求，以增强普适性、通俗性和发挥社会效益为目标，使气象标准更好地适应经济社会发展和人民生活水平提升的需要，为提升气象保障服务水平、引领气象行业发展提供技术支撑。

—— **多元参与、开放合作。**要跳出部门抓标准，推进开门制标、开放贯标，积极建立和营造全社会、全行业、部门间共同关心、参与和推进气象标准化工作的有效机制和良好氛围，增强气象标准化发展活力，提升气象标准国际化水平。

二、主要任务

（一）完善标准化工作机制

1. 优化气象标准体系结构。 要科学规划气象标准体系中不同性质、不同层级标准的范围和作用，发挥好标准在气象事业发展中保质量和促发展的作用。国家标准、气象行业标准、地方标准属政府性、公益类标准，应聚焦政府职责范围内的公共气象服务和气象社会管理的基本要求，国家标准重点制定跨部门、跨行业的基础通用标准，气象行业标准重点制定规范和引领行业发展的专用标准，地方标准重点突出地域特点和专业优势。团体标准以满足市场和创新需要为目标，聚焦新技术、新产业、新业态和新模式的相关要求。

2. 促进标准与气象业务、服务、科技及工程项目的互动融合。 要在业务、服务、科技及工程项目的立项、实施和验收等关键环节中强化标准的导向作用，将转化形成相关标准化成果列入项目重要考核指标，以标准促进关键核心技术的业务化、产业化。要打通业务、服务、科技及工程项目产出标准的渠道，相关项目成果经评估可以转化为标准的，由主管职能部门提出建议，经中国气象局批准后直接纳入气象标准制修订计划。

3. 培育发展气象领域的团体标准。 鼓励和支持气象相关社会团体自主制定由本团体成员约定采用或供社会自愿采用的团体标准，增加气象标准有效供给、增强气象标准化活力。鼓励和引导团体标准制定主体通过"中国气象标准化网"免费向社会公开团体标准信息及文本。各级气象主管机构要对本行政区域内气象领域团体标准的制定、实施工作进行指导、监督，促进团体标准与国家标准、气象行业标准、地方标准相配套、相衔接，形成优势互补、协调有序的工作模式。

4. 加强气象标准制修订管理。 完善标准立项机制，围绕中心工作和实际需求组织各领域高层次专家研究提出重点标准项目，并通过指定委托、公开招标等多种方式，按照择优原则确定项目承担单位和承担人。完善标准项目退出机制，对于制修订进度严重滞后的项目，采取终止项目或调整项目承担单位的措施，并对相关单位和个人进行不良信用记录和通报。探索对标准化工作基础薄弱的起草单位实行项目导师制，强化对标准制修订的全周期指导和管理。

5. 规范气象标准化经费使用。 标准制修订经费和标委会秘书处工作经费应纳入项目承担单位和秘书处承担单位的财务统一管理，实行单独核算、专款专用。标准制修订经费的开支项目包括资料费、设备费（不含通用办公室设备）、试验验证费、差旅费、专家咨询费、宣传推广费以及与标准制修订直接相关的其他费用。为进一步提高标准化经费的使用效率和效益，发挥好资金激励引导作用，鼓励各单位在国家相关政策框架下制定更为灵活有效的标准化经费管理办法。

（二）强化标准实施应用

6. **建立以标准为依据的履职工作体系**。主管职能部门要按照管业务必须抓标准、管社会必须靠标准的原则，进一步转变履职方式，在日常行政管理工作中积极引用标准和有效使用标准，继续推进部门业务规定或规范转化为标准。要强化标准在气象基础业务以及行业管理、安全监管工作中的"硬约束"地位，特别是在行业准入、监督抽查、质量评价等面向社会和行业管理工作中所涉及的技术要求原则上应以标准的形式发布实施。

7. **推进以质量管理为核心的业务工作体系**。在气象业务及管理的各个环节增强质量意识、标准意识，推广质量管理标准和质量认证手段，树立全员、全方位、全过程的质量管理理念。鼓励和支持各级气象业务服务单位结合自身业务特点，运用先进质量管理标准和方法，通过开展标准化试点、推行质量管理体系、开展第三方认证等方式，促进气象业务服务质量水平的整体提升，培育和创建知名气象品牌。

8. **推行"执行标准清单"制度**。各级气象业务服务单位要落实标准实施主体责任，结合工作职责和实际对现行有效的气象标准进行全面梳理，将应采用和可采用的气象标准汇总形成本单位的"执行标准清单"并保持动态更新。要将"执行标准清单"纳入单位信息公开范畴，强化标准实施的社会监督。各单位在实际工作中未执行所公开清单中的标准而造成不良后果的，单位主要负责人及具体责任人应承担相应责任。

9. **强化标准的实施监督与反馈**。主管职能部门要落实分管领域的标准实施监督责任，结合业务考核、汛期检查、执法检查、专项整治等各项工作，对标准实施应用情况进行监督检查；要广泛收集、及时分析标准实施意见和建议，对于重要工作环节中缺失和不适用的标准应尽快提出制修订建议，由标准化归口管理部门通过快速通道或以修改单形式加快立项、出台，形成标准制修订、实施、监督、反馈、改进的良性联动机制。

（三）加强标准化技术支撑体系建设

10. **优化技术组织设置**。按照统筹规划、科学合理、减少交叉、保障有力的原则，依据各气象专业领域标准化工作的实际需求、标准化技术组织及其秘书处承担单位的工作效能，对气象领域的全国专业标准化技术委员会、分技术委员会和行业标准化技术委员会（以下称标委会）设置及秘书处承担单位进行优化调整，促进资源合理配置、依规履行职责。鼓励和支持各省（自治区、直辖市）气象局成立气象领域地方标准化技术委员会，并发挥好其跨部门、跨行业的技术平台作用。

11. 落实秘书处承担单位责任。 各标委会秘书处承担单位应将秘书处工作纳入本单位工作体系，做到年初有计划、过程有督办、年终有考核。各标委会秘书处承担单位要为秘书处提供每年不低于5万元的专项工作经费，要按照国家标准委要求为秘书处配齐、配强专兼职工作人员，并确保履行好岗位职责。标委会秘书长和秘书的工作绩效应与标委会工作成效挂钩。

12. 加大履职考核力度。 标准化归口管理部门会同主管职能部门组织对标委会年度工作情况进行综合评估，并按照鼓励先进、带动后进的原则，对效能优秀的秘书处采取通报表扬和加大资金投入等激励措施。标委会秘书处要建立、完善委员考核评价和退出机制，对委员参加标准立项投票、草案征求意见、技术审查、年会等重要活动的情况进行记录并定期通报，对于上一年度活动参加率达不到50%的委员，标委会秘书处应向相关主管部门提出解聘建议，形成委员"能进能出"的动态管理模式。

13. 加强支撑能力建设。 依托中国气象局气象干部培训学院，按照研究型业务、支撑性定位、专业化队伍的原则推进国家级气象标准化技术支撑机构建设，投入与工作职责相匹配的人才和经费，充分发挥其在气象标准化领域的研究评估、技术把关、凝聚专家、培养人才等作用。加强"中国气象标准化网"品牌建设，推进信息和资源的整合，实现标准制修订管理以及远程学习、信息查询、资源下载、应用反馈等气象标准化工作的全流程、一站式服务。

（四）提升标准化工作影响力

14. 加快重要领域标准的出台。 紧扣国家重大战略和气象改革发展的要求和需求，按照查遗补缺、急需先行的原则，重点抓好以下领域标准的制定：生态文明建设气象保障服务、气象助力乡村振兴等关系国计民生的重大标准；气象大数据、智慧气象等支撑气象事业提质增效升级、创新驱动发展的基础标准；雷电灾害防御、人工影响天气等强化安全监管的关键标准；气候资源利用、专业气象服务等引领新技术发展、拓展业务服务领域的急需标准。对于重要领域标准,通过建立专项标准技术攻关机制以及加大经费投入、开辟快速通道、定期跟踪督促等措施,确保标准的研制质量和尽快出台。

15. **建立常态化的标准宣贯机制**。要将标准宣贯融入日常工作,特别是开展气象宣传、讲座、科普等活动时,相关内容已有标准规定的要以标准为依据,不断扩大气象标准的影响面和知晓度。要加大法律、法规、规章、政策引用标准的力度,充分发挥标准对法律法规的技术支撑和补充作用。要建立领导干部和业务科研骨干带头学标准、讲标准、用标准的制度,在组织开展培训活动时,要将标准化知识和重大、基础性标准纳入课程体系。

16. **加大部门间标准化合作力度**。注重与农业农村、应急管理、自然资源、生态环境、交通、水利、旅游、能源、保险、工业和信息化、公安等关联行业在标准化方面的工作沟通、技术交流和资源共享,将标准化列为部门合作重要事项,积极推动在防灾减灾、应对气候变化、生态文明建设等领域的跨行业标准的制定和实施。探索建立军民气象标准化融合发展的长效协调机制,推进军民通用气象标准体系建设,鼓励和支持先进适用的军民标准相互转化。

17. **推进标准国际化**。鼓励和支持相关单位参与国际标准化活动、相关专家参与或牵头制定国际标准,依托仪器装备、业务系统等"走出去"以及推进全球监测、全球预报、全球服务的契机,推动我国自主创新、特色优势标准走向国际,提高气象领域国际标准化参与度和话语权。加强对WMO、ISO、IEC等国际组织的标准跟踪、评估和转化,促进气象领域国内标准与国际标准的对接。将标准化工作纳入气象国际交流与合作范畴,在有国际应用需求的专业领域探索出版气象标准外文版,推动气象标准在"一带一路"沿线国家和有良好气象合作国家的应用与互认。

三、保障措施

(一)加强组织领导

各级气象部门要高度重视气象标准化工作,建立健全标准化统筹协调机制,明确工作职责、分工,落实专、兼职岗位,积极创新标准化工作模式,发挥标准化工作中典型示范引领作用。要抓紧研究制定配套政策措施,协同有序推进各项改革任务落实到位。

(二)推进队伍建设

研究制定具有气象特色的标准化人才队伍培训政策和课程体系,推进分层次、分对象气象标准化培训工作的常态化和制度化。利用科技成果中试基地建设、标准验证检验检测点试点建设、综合气象观测试验基地建设等现有机制培养跨领域、懂业务的气象标准化技术骨干，加快建设气象标准化专家库和核心人才库。

（三）加大资金保障

将气象标准化经费纳入年度预算，合理安排专项资金推进标准的研制、宣贯和执行，保障标准化工作的运行和管理。在业务、服务、科技及工程项目中预留标准化工作经费，促进业务科技成果向标准的转化。鼓励和引导社会组织或企业投入资金参与气象标准的研制和应用，利用社会资源推进急需标准的研制出台和重要标准的贯彻实施。

（四）完善激励措施

按照有关规定，对标准化工作突出的个人、单位以及优秀标准的主要起草人和起草单位予以奖励。在专业技术职称评聘、创新团队建设以及首席岗位、关键技术岗位、科技骨干等选聘工作中，将主持标准制定和推进标准实施应用的工作情况作为人才业绩评价的重要内容。

附录2 气象产业相关标准（2018—2019年）

序号	标准编号	标准名称
	中华人民共和国国家标准	
1	GB/T 20487—2018	城市火险气象等级
2	GB/T 20524—2018	农林小气候观测仪
3	GB/T 35968—2018	降水量图形产品规范
4	GB/T 36109—2018	中国气象产品地理分区
5	GB/T 36542—2018	霾的观测识别
6	GB/T 36742—2018	气象灾害防御重点单位气象安全保障规范
7	GB/T 36743—2018	森林火险气象等级
8	GB/T 36744—2018	紫外线指数预报方法
9	GB/T 36745—2018	台风涡旋测风数据判别规范
10	GB/T 37274—2018	人工影响天气火箭作业点安全射界图绘制规范
11	GB/T 37301—2019	地面气象资料服务产品技术规范
12	GB/T 37302—2019	天气预报检验 风预报
13	GB/T 37411—2019	天气雷达选址规定
14	GB/T 37467—2019	气象仪器术语
15	GB/T 37468—2019	直接辐射表
16	GB/T 37523—2019	风电场气象观测资料审核、插补与订正技术规范
17	GB/T 37525—2019	太阳直接辐射计算导则
18	GB/T 37526—2019	太阳能资源评估方法
19	GB/T 37527—2019	基于手机客户端的预警信息播发规范
20	GB/T 37529—2019	城市总体规划气候可行性论证技术
21	GB/T 37744—2019	水稻热害气象等级
	中华人民共和国气象行业标准	
22	QX/T 10.1—2018	电涌保护器 第1部分：性能要求和试验方法
23	QX/T 10.2—2018	电涌保护器 第2部分：在低压电气系统中的选择和使用原则
24	QX/T 211—2019	高速公路设施防雷装置检测技术规范
25	QX/T 232—2019	防雷装置定期检测报告编制规范

续表

序号	标准编号	标准名称
26	QX/T 238—2019	风云三号A/B/C气象卫星数据广播和接收规范
27	QX/T 438—2018	桥梁设计风速计算规范
28	QX/T 439—2018	大型活动气象服务指南　气象灾害风险承受与控制能力评估
29	QX/T 440—2018	县域气象灾害监测预警体系建设指南
30	QX/T 441—2018	城市内涝风险普查技术规范
31	QX/T 442—2018	持续性暴雨事件
32	QX/T 443—2018	气象行业标志
33	QX/T 444—2018	近地层通量数据文件格式
34	QX/T 445—2018	人工影响天气用火箭弹验收通用规范
35	QX/T 446—2018	大豆干旱等级
36	QX/T 447—2018	黄淮海地区冬小麦越冬期冻害指标
37	QX/T 448—2018	农业气象观测规范　油菜
38	QX/T 449—2018	气候可行性论证规范　现场观测
39	QX/T 450—2018	阻隔防爆橇装式加油（气）装置防雷技术规范
40	QX/T 451—2018	暴雨诱发的中小河流洪水气象风险预警等级
41	QX/T 452—2018	基本气象资料和产品提供规范
42	QX/T 453—2018	基本气象资料和产品使用规范
43	QX/T 454—2018	卫星遥感秸秆焚烧过火区面积估算技术导则
44	QX/T 455—2018	便携式自动气象站
45	QX/T 456—2018	初霜冻日期早晚等级
46	QX/T 457—2018	气候可行性论证规范　气象观测资料加工处理
47	QX/T 458—2018	气象探测资料汇交规范
48	QX/T 459—2018	气象视频节目中国地图地理要素的选取与表达
49	QX/T 460—2018	卫星遥感产品图布局规范
50	QX/T 461—2018	C波段多普勒天气雷达
51	QX/T 462—2018	C波段双线偏振多普勒天气雷达
52	QX/T 463—2018	S波段多普勒天气雷达
53	QX/T 464—2018	S波段双线偏振多普勒天气雷达
54	QX/T 465—2018	区域自动气象站维护技术规范
55	QX/T 466—2018	微型固定翼无人机机载气象探测系统技术要求
56	QX/T 467—2018	微型下投式气象探空仪技术要求
57	QX/T 468—2018	农业气象观测规范　水稻
58	QX/T 469—2018	气候可行性论证规范　总则

序号	标准编号	标准名称
59	QX/T 470—2018	暴雨诱发灾害风险普查规范　山洪
60	QX/T 471—2019	人工影响天气作业装备与弹药标识编码技术规范
61	QX/T 472—2019	人工影响天气炮弹运输存储要求
62	QX/T 473—2019	螺旋桨式飞机机载焰剂型人工增雨催化作业装备技术要求
63	QX/T 474—2019	卫星遥感监测技术导则　水稻长势
64	QX/T 475—2019	空气负离子自动测量仪技术要求　电容式吸入法
65	QX/T 476—2019	气溶胶PM_{10}、$PM_{2.5}$质量浓度观测规范　贝塔射线法
66	QX/T 477—2019	沙尘暴、扬沙和浮尘的观测识别
67	QX/T 478—2019	龙卷强度等级
68	QX/T 479—2019	$PM_{2.5}$气象条件评估指数（EMI）
69	QX/T 480—2019	公路交通气象监测服务产品格式
70	QX/T 481—2019	暴雨诱发中小河流洪水、山洪和地质灾害气象风险预警服务图形
71	QX/T 482—2019	非职业性一氧化碳中毒气象条件预警等级
72	QX/T 483—2019	日晒盐生产的塑苫气象服务规范
73	QX/T 484—2019	地基闪电定位站观测数据格式
74	QX/T 485—2019	气象观测站分类及命名规则
75	QX/T 486—2019	农产品气候品质认证技术规范
76	QX/T 487—2019	暴雨诱发的地质灾害气象风险预警等级
77	QX/T 488—2019	蒙古语气象服务常用用语
78	QX/T 489—2019	降雨过程等级
79	QX/T 490—2019	电离层测高仪技术要求
80	QX/T 491—2019	地基电离层闪烁观测规范
81	QX/T 492—2019	大型活动气象服务指南　人工影响天气
82	QX/T 493—2019	人工影响天气火箭弹运输存储要求
83	QX/T 494—2019	陆地植被气象与生态质量监测评价等级
84	QX/T 495—2019	中国雨季监测指标　华北雨季
85	QX/T 496—2019	中国雨季监测指标　华西秋雨
86	QX/T 497—2019	气候可行性论证规范　数值模拟与再分析资料应用
87	QX/T 498—2019	地铁雷电防护装置检测技术规范
88	QX/T 499—2019	道路交通电子监控系统防雷技术规范
89	QX/T 85—2018	雷电灾害风险评估技术规范

序号	标准编号	标准名称
	中华人民共和国地方标准	
90	DB11/T 1546—2018	自动气象站数据交换格式规范
91	DB11/T 1586—2018	雷电防护装置检测安全作业规范
92	DB11/T 1587—2018	公共场所雷电风险等级划分
93	DB11/T 1588—2018	公共场所气象灾害警示标志设置规范
94	DB11/T 1589.1—2018	气象灾害风险调查技术规范　第1部分：城市内涝
95	DB11/T 1636—2019	雷电防护装置日常维护规程
96	DB11/T 1643—2019	民用建筑供暖通风与空气调节用气象参数
97	DB11/T 634—2018	建筑物电子系统防雷装置检测技术规范
98	DB12/T 811—2018	日光温室智能电加温系统技术规范
99	DB12/T 812—2018	人工影响天气固定作业站点安全防范系统技术要求
100	DB12/T 813—2018	飞机人工增雨作业技术规程
101	DB12/T 814—2018	民用建筑节能设计气象参数与算法
102	DB12/T 815—2018	翻斗式雨量计现场核查技术规范
103	DB12/T 901—2019	设施园艺物联网区域组网技术规范
104	DB12/T 902—2019	日光温室和塑料大棚小气候自动观测站选型与安装技术要求
105	DB13/T 2922—2018	冬小麦种植气象服务规范
106	DB14/T 1709—2018	设施番茄黄瓜辣椒低温冷害等级划分
107	DB22/T 2919—2018	人工影响天气作业气象条件分析规程
108	DB22/T 2920—2018	飞机增雨（雪）作业规程
109	DB22/T 2973—2019	雷电监测服务规范
110	DB22/T 2974—2019	雷电综合强度等级划分
111	DB23/T 2088—2018	黑龙江省风能资源探测数据审查技术规范
112	DB23/T 2089—2018	极轨卫星监测作物长势技术规程
113	DB23/T 2090—2018	雷电灾害风险等级
114	DB23/T 2170—2018	寒冷天气等级
115	DB23/T 2171—2018	烤烟农业气象观测规范
116	DB23/T 2172—2018	雷电易发区及雷电灾害风险等级划分
117	DB23/T 2285—2018	公众气象信息传播质量评价
118	DB23/T 2286—2018	雷电灾害风险评估报告编制规范
119	DB23/T 2287—2018	农产品气候品质认证服务通则
120	DB35/T 1178—2019	气候年景评价方法
121	DB35/T 1184—2019	建筑物防雷装置设计技术评价规范

序号	标准编号	标准名称
122	DB35/T 1285—2018	爆炸和火灾危险场所雷电应急处置规范
123	DB35/T 1433—2019	石油化工装置防雷检测技术规范
124	DB35/T 1863—2019	城市轨道交通信号系统防雷装置检测技术规范
125	DB35/T 717—2018	防雷装置设计、施工及维护规范
126	DB36/T 1060—2018	天然氧吧评定规范
127	DB36/T 1094—2018	农业温室气体清单编制规范
128	DB36/T 1095—2018	易燃易爆场所雷电防护装置检测报告编制规范
129	DB36/T 511—2018	双季稻气象灾害指标
130	DB37/T 3305—2018	乡镇综合气象服务站建设与服务指南
131	DB37/T 3306—2018	设施农业气象服务效益评估方法
132	DB37/T 3388—2018	气候影响评价规范
133	DB37/T 3389—2018	设施蔬菜寡照灾害预警等级
134	DB37/T 3390—2018	农业气象服务规范　日光温室
135	DB37/T 3440—2018	人工影响天气炮弹、火箭弹残骸坠落现场技术调查规范
136	DB37/T 3443—2018	设施农业气象灾害影响评估方法
137	DB41/T 1795—2019	电网气象灾害预警规范
138	DB41/T 1800—2019	人工影响天气火箭作业系统年检规范
139	DB41/T 1809—2019	气象服务数据接口规范
140	DB41/T 1833—2019	农业小气候自动观测规范
141	DB41/T 1834—2019	高标准粮田气象保障能力建设
142	DB41/T 1835—2019	冬小麦农业气象灾害野外调查技术规范
143	DB41/T 1842—2019	航空油料输油管道系统防雷装置检测技术规范
144	DB42/T 1373—2018	多普勒天气雷达定标业务技术规范
145	DB42/T 1374—2018	连阴雨等级
146	DB42/T 1375—2018	光伏电站效率评估指标计算方法
147	DB43/T 1454—2018	住宅楼防雷装置定期检测规范
148	DB44/T 2139.1—2018	气象灾害防御　第1部分：风险区划
149	DB44/T 2139.2—2018	气象灾害防御　第2部分：重点单位管理
150	DB44/T 2139.3—2018	气象灾害防御　第3部分：重点单位评价
151	DB45/T 1897—2018	灾害天气电视摄像技术规范
152	DB45/T 1898—2018	陆上风电场风能资源评估技术规范
153	DB45/T 1961—2019	小型气象无人机外场作业规范
154	DB46/T 461—2018	旅游气候舒适度评价

序号	标准编号	标准名称
155	DB46/T 462—2018	地面气象资料基础产品技术规范
156	DB46/T 463—2018	农业气象观测规范莲雾
157	DB46/T 464—2018	暴雨预警等级
158	DB46/T 465—2018	雷电灾害风险区划技术规范
159	DB46/T 466—2018	雷电灾害区域风险评估技术规范
160	DB46/T 467—2018	人工影响天气火箭年检规范
161	DB46/T 468—2018	旅游气象指数等级
162	DB46/T 469—2018	重大建设项目气象条件评估资料处理规范
163	DB52/T 1395—2018	拟建机场场址气象观测与气象条件分析技术规程
164	DB52/T 1396—2018	太阳能资源观测与评估技术规范
165	DB52/T 537—2018	防雷装置安全检测技术规范
166	DB54/T 0072—2019	建筑物防雷工程施工质量控制与验收规范
167	DB54/T 0073—2019	建筑防雷设计评价技术规范
168	DB54/T 0146—2018	人工防雹增雨火箭作业业务技术规范
169	DB54/T 0147—2018	青稞生育期农业气象观测规范
170	DB54/T 0148—2018	风灾等级
171	DB62/T 2967—2019	柴胡农业气象人工观测方法
172	DB62/T 2968—2019	雷电灾害鉴定技术规范
173	DB62/T 2969—2019	风电场测风塔气象数据观测规范
174	DB62/T 2970—2019	电子信息系统防雷装置检测技术规范
175	DB62/T 2971—2019	电梯系统防雷装置检测技术规范
176	DB63/T 1679—2018	高原农牧业气候资源区划指标与名称
177	DB64/T 1583—2019	石油库防雷装置检测技术规范
178	DB64/T 1584—2019	汽车加油（气）站防雷装置检测技术规范
179	DB64/T 1585—2019	风电场风能资源测量评估数据处理技术规范
中国气象服务协会团体标准		
180	T/CMSA 0007—2018	避暑旅游城市评价指标
181	T/CMSA 0008—2018	养生气候类型划分
182	T/CMSA 0009—2018	防雷企业能力评价准则
183	T/CMSA 0010—2018	配电线路用多间隙避雷装置
184	T/CMSA 0011—2018	限流接闪装置